U0729514

治家之经《朱子家训》

儒家文化之当代解读系列丛书

夏 芬/著　向世陵/总主编

西南交通大学出版社

成都

图书在版编目（ＣＩＰ）数据

治家之经：《朱子家训》/夏芬著. —成都：西南交通大学出版社，2018.10（2021.6重印）
（儒家文化之当代解读系列丛书/向世陵总主编）
ISBN 978-7-5643-6299-7

Ⅰ. ①治… Ⅱ. ①夏… Ⅲ. ①古汉语－启蒙读物
Ⅳ. ①H194.1

中国版本图书馆CIP数据核字（2018）第169753号

儒家文化之当代解读系列丛书/向世陵总主编

治家之经：《朱子家训》
Zhijia Zhi Jing：Zhuzi Jiaxun

夏 芬 著

出 版 人　阳　晓
责任编辑　郭发仔
助理编辑　何　俊
封面设计　原创动力
出版发行　西南交通大学出版社
　　　　　（四川省成都市二环路北一段111号
　　　　　西南交通大学创新大厦21楼）
发行部电话　028-87600564　028-87600533
邮政编码　610031
网址　http://www.xnjdcbs.com
印刷　三河市同力彩印有限公司
成品尺寸　130 mm×185 mm
印张　4.25
字数　69千
版次　2018年10月第1版
印次　2021年6月第4次
书号　ISBN 978-7-5643-6299-7
定价　21.00元

总序

向世陵

　　中国优秀传统文化在今天是一个频度颇高的热词，然其"热"之内涵，不论作何概括，总不离作为传统文化主体的儒家文化。

　　儒家的文化系统，进入我们眼帘的，首先是世俗文化，但在同时，儒家文化也有自己超越性的一面，以满足人们的精神需要和理性的价值追求。从学术的发展说，自传统儒学到宋明新儒学——理学的兴起，重点就是解决传统儒学只注重于世俗层面而缺乏超越性的精神品位的问题。放入哲学的框架，这被归结为形而上的问题。但中国儒家所追求的形而上并不如同西方哲学那样，其形而上是在形而下的现象世界之后或之外，它存在于现象世界之中并与其融为一体而不可分离。同时，儒家文化及其哲学的特点，是坚信超越性的本体与世俗的现象世界都是真实无妄的存在，并与我们的生命一起年年月月日日被证实。

1

就此而言，它也不同于由外入内而成为中国文化组成部分的佛教，后者是以真性与假象和合的真假合一观去看待世界。道理并不奇怪，因为追根溯源，佛教也是来源于"西方"的信仰和思想。

儒家批判佛老，反对佛老的虚空本性观，阐明天地人生无处不是实气、实理的存在。作为儒家本体论哲学渊源的子贡所言"性与天道不可得而闻也"，正是披露了儒家理论相对于佛教思想之优长，即"不得闻"正是说明了儒家反对空谈心性，而主张从气化的真实世界、从人伦日用的社会现实中去体悟天理，强调的是心境、心迹的统一。儒家文化打造的形而上的精神世界，只能存在于形而下的生活世界之中。放眼今天的社会，"独尊儒术"的时代虽然早已离我们远去，但围绕在我们周围的乡土人情、风俗习惯、家庭生活、节庆礼俗、教化信仰等方方面面，都无不浸染和诉说着儒家文化传统的深刻影响。其中所贯穿的，是作为人类生活总的导向的真善美的价值，又尤其是对真善的追求。

但社会的发展总有不尽如人意的方面，今天的中国，亦不乏不完美甚至丑恶的现象存在，一些人将原因归咎于缺乏信仰，又往往是特指缺乏超越性的宗教信仰。如此的诊断，并不符合中国社会的实情和民族的心理定位，也无助于认识在儒家文化浸染下中国人生活的多层面向。一般地说，有信仰好还是无信仰好不能一概而论，儒家文化在其创立者那里便是不信神力的，"子不语怪力乱神"（《论语·述而》）也。当然，儒家重视天，祭天在历朝历代都是国家的大事。然而，这种对天的心存敬畏，实质上是对外在于我的客观必然的尊重，但这并不意味拜倒在天的奴役之下。"神道设教"虽然也有市场，但这正好说明"神"并非超越性的权威，而是如同墨子"天志"那样是效力于人的工具，是为思想家或统治者的政策服务的。南北朝时期反佛的重要代表范缜，站在儒家的立场并吸收道家的方法，对佛教信仰者坚持的形神相分、形灭神存等观点进行了系统的批判，主张形神相即（不离）、形质神用。但在同时，范缜承认"神道设教"的必要，以为"所以从孝子之心，而厉渝薄之意"（《神灭论》）。有意思的是，反而是佛教信仰者不认同神道设教，而坚持鬼神的真实。在儒家学者对待神灵的态度中，唐代柳宗元有非常经典的表述，那就是"力足者取乎人，力不足者取乎神，所谓足，足乎道之谓也"（《非国语上·神降于莘》），神不过是人们在人生境遇不顺时的心理安慰罢了。柳宗元作为中唐儒学复兴运动的一名代表，明确提出了"文者以明道"（《答韦中立论师道书》）的重要思想主张，这与当年子贡言"性与天道不可得而闻也"正好相互发明，并成为后来周敦颐"文所以载道也"（《通书·文辞》）的经典语句的先行。可以说，在他们心中，儒家对天的信仰其实就是对道的尊崇。

因而，形式上是敬天祭神，实质上却是讲道说理，这在宋明理学家中有非常深入的阐发，譬如朱熹自己就认为理学是讲道理之学。天、道、理等固然属于超越性的概念，但又都不能离开内在性而独存。早年周公的敬天就已经向敬德转化，德性的价值被突出出来。天之道成为人之德，"天生德于予"（《论语·述而》）也。人与天相合，正是与天地 3

合其德。"德"虽内在，不"明"却不能得，"明"此明德根依于人对它的体验和认识。天人合一的图景依赖于天人有分的前提，"主宾之辨"同样是中国哲学的精神。人不是被动地"任天"而是主动地"相天"，天人的相合是以人积极主动的创造性活动为归宿的。

天人之间的相合在儒家又被披上了礼乐文明的特色。所谓"乐者敦和，率神而从天；礼者别宜，居鬼而从地。故圣人作乐以应天，制礼以配地。礼乐明备，天地官矣"（《礼记·乐记》），就是说，乐者敦睦和谐，调和其气，循（圣人）魂气而从天；礼者别物异处，裁制形体，循（贤人）魄体而从地，从此出发，乐感天地和礼制社会都属于必须，礼乐都显明完备，合力互动，天地人事就能各得其利了。就人事自身而论，在礼乐适宜地规范和熏陶下，人能够静心向善而不会随波逐流，从而有助于公序良俗的形成，并最终引向理想社会的愿景。在古人心中，圣人制礼作乐的目的，是为调节民之好恶，在乡俗民情、家庭邻里、婚丧节庆等日常行为活动中引导他们归向人道之正途。礼乐皆得其所，便是"有德"。德既是礼乐文明的集中表现，"所以名为德者，得礼乐之称也"（《礼记正义·乐记》），也是儒家培养健全人格的基本内核。

从经典资源的层面说，被视为中国文化生命之源的《周易》，在其开天辟地的乾坤卦之后，进入视野的是屯卦和蒙卦，"屯"就是一棵刚出土的幼苗，"蒙"则表明了它非常稚嫩，对处于蒙昧状态的学子来说，蒙卦《象辞》有针对性地提出了"蒙以养正，圣功也"的告诫。北宋两位著名的理学家程颐和张载，于此不约而同地做出了自己的选择：

程颐选择了"蒙以养"，的确，从蒙昧的孩童到进入成年，人都是在被养之中，这包括父母的抚养、师长的教养和社会国家的培养，由此而将幼苗——一代代的孩童养育成才。但人不能总是在被养之中，成才最终需要的是自我实现。自我实现不可能在真空中进行，人总是生活在善恶百行交杂和利益追逐的环境之中。人之初，未必性本善，很可能还是善恶混，故人心难免会产生不善的念头，相应地也就有了矫正和克服它的需要，以及为师者一方的传道、授业、解惑的职责。故与程颐不同，张载选择的是"蒙以正"，强调纠正、端正、矫正人的不善的观念以变化气质，从而保证这些成长中的树木能够正直而不扭曲。但不论是"蒙以养""蒙以正"还是"养"与"正"的合一，目的都是为培养圣贤，在今天就是指善的健全的人格，德行在这里具有当然的优先性。所以，蒙卦《象辞》释"蒙"之"象"是"君子以果行育德"——君子要以果决刚毅的行为去培养自己的德行。当然这不可能一蹴而就，而是一个从天道生生继续而来的自强不息的过程。

自强不息的道路，可能顺利，但更可能曲折。事实上，从人类告别猿类而开始自己的历史那天起，我们就是在与不同的困难做斗争中走过来的。但不论所遇是何种情况，张载都给我们提供了有益的教诲和恰当的对策："富贵福泽，将厚吾之生也；贫贱忧戚，庸玉女于成也。"（《西铭》）一句话，不论眼前发生的可能是什么，我们都应该以一种坦然和开放的心态去迎接。

西南交通大学出版社目前推出的这套"儒家文化之当代解读系列丛书"，与先前出版的同类型著作的区别，就

5

在于它既植根于弘扬优秀传统文化的沃野，又能够直面当代儒家文化复兴所涉及的若干有兴趣的话题，并呈现为一个源源不断的序列，这本身就是儒家文化生生不息精神的生动再现。丛书的作者都是这些年人民大学毕业的学生，他们能够结合自己的人生和社会实践去推进自己的学术事业，其所撰写的文字，融进了他们在民俗风情和家庭社会生活等方面体贴儒家文化的经验积累，既不乏历史的底蕴和精彩的思想辨析，又显得十分生动有趣，能够贴近当代青年学生的阅读兴趣和习惯。虽然其中也有若干不足之处，但作品的的确确是在对儒家文化进行着符合时代需要的当代解读，应该会带来良好的社会效益和思想效益。

本丛书的出版，要感谢热心的西南交通大学出版社的编辑和为这套书努力奔走的杨名博士。看到学生的成长及其作品问世，为师者倍感欣慰。敷陈数语，写在"儒家文化之当代解读系列丛书"出版之际，聊以代序。

中国人民大学国学院

2018年6月28日

目录

第一章

家训之传统，治家之典范

　　家训，是家内的训诫、说教、规范，旨在教育后代、整顿家风、光大门楣，是中华民族的重要文化传统。据学者统计，我国古代家训一类著作，公开刊行的有一百余种之多。可想而知，未公开刊行的家训作品更是恒河沙数。丰富的家训作品，反映了勤劳朴实的中华儿女对居家生活的深深迷恋和通达智慧，形成了后世子孙可以反复汲取营养的精神食粮和文化补给，更塑造了中华民族卓然于世的"家文化"形象。

　　中国传统家训作品的创作主体经历了大国、大家族、小家庭不断下移的世俗化过程，而创作主体由"国""族"到"家"的转变则意味着越来越多的寻常百姓能够参与到有文字、有规范、有体系的家庭教育队伍中。自清以来，有一部家训作品于众多家训作品中脱颖而出，为文人学者、达官贵人，乃至庶民百姓、贩夫走卒所学、所用、所传播，连童稚小儿都会咏唱，与其相关的字画、碑刻、屏风、照壁更是数不胜数，被奉为"治家之经"，它就是朱用纯《朱子家训》。

一、两部《朱子家训》

现世流传着两部以"朱子家训"四字为名的家训作品：一为南宋大儒朱熹所作；一为明末清初儒者朱用纯所作。两部家训作品虽有着不同的成书时间、文本内容，但因相同的作者姓氏、世俗书名，而令世人傻傻分不清楚了。其实，这两部《朱子家训》最初都不是以"朱子家训"四字命名，只是在流传中为后人所称谓、认定，并加以广泛传播。

（一）朱熹《朱子家训》

朱熹《朱子家训》，三百余字，深入浅出地介绍了君仁、臣忠、父慈、子孝、兄友、弟恭、夫和、妇柔、行善、忌妒、读书、礼义、天命等方面的规范与德性。其实，朱熹平生非常注重家庭教育，并留下了大量相关方面的文章。现收录于《朱子全书》中的《童蒙须知》《小学》《家礼》《近思录》等篇章皆包含了丰富的治家育人思想。2014年由海峡文艺出版社出版的《福建家训》一书首篇就是"朱熹家训系列"，包括了《朱熹家训》《童蒙须知》《朱子家政》三篇文章。

朱熹裔孙朱培于明嘉靖四十一年（1562）辑佚的《大全集补遗》以及朱熹十六世孙朱玉于清雍正八年（1730）补订的《朱子文集大全类编》所载的该家训文本皆以"家训"为名；而清晚期和民国期间朱氏宗谱所载的该家训作品则已由"家训"之名转为"朱子家训""文公家训"四字之称。故而，朱熹《朱子家训》最初只有古籍本"家训"之名，后渐冠以"文公""朱子"等尊称而有"朱子家训"。此外，朱熹《朱子家训》虽早已于明末公开刊刻却并未在民间广泛传播，而一直保存于朱氏家族内部宗谱中。作为朱子裔孙的朱杰人先生提到，"《朱子家训》原本是我们朱氏家族内部的家族文献，它被收录在我们的族谱和家谱之中。"世界朱氏联合会、台湾朱氏宗亲文教基金会据朱熹《朱子家训》文本制作的卡片、纪念品在世界范围内散发，现世影响很大。

（二）朱用纯《朱子家训》

朱用纯《朱子家训》，五百余字，由浅入深地介绍了家庭人伦、道德品质、生活言行、名利财物、小家大国等方面的行为劝诫和生活哲理。《昆新两县续修合志》《清史稿》《清儒学案》等文献资料皆提及朱用纯及其以"治家格言"为名的代表作品。此篇家训作品自问世后便受到各阶层民众的一致追捧，清人严可均在《铁桥漫稿》中曾描述当时风靡的盛况，"《治家格言》，江淮以南皆悬之壁"，长江淮河以南家家户户皆在自家墙壁题刻此篇《治家格言》，方便家人时时学习、处处践行，俨然彼时的风尚与潮流。

然而，该篇家训作品渐渐有了"朱子家训"的俗称并著称于世。朱用纯，贵为老师，可称为朱夫子，但如何能被称为"朱子"呢？要知道，随着元代"朱子学"官学地位的确立，"朱子"早已成为南宋大儒朱熹的特称与尊称。既然如此，朱用纯如何能被称为"朱子"？其家训作品又如何能被称为"朱子家训"呢？清人严可均曾在其《铁桥漫稿》中指出"称'朱子家训'，盖尊之若考亭也"，以大儒朱熹之尊来敬朱用纯及其作品，显示出人们对作者的人格魅力以及作品的纯正底蕴的厚爱与尊崇。尤其需要指出的是，朱用纯的一位名为顾易的弟子率先有此尊称朱用纯的作法。顾易，曾撰写《朱子家训演证》一书，详细阐释老师《治家格言》中的处世思想，进而表达对老师的钦佩以及爱戴。在后人抄写、学习、传播《治家格言》的过程中，或以尊称、或存误解，"朱子家训"之名称逐渐为大家接受并不断口耳相传。其实，现在很多以"朱子家训"为题的照壁、屏风、石碑、花窗等艺术品，

其落款处常可见"昆山朱柏庐治家格言"字样，朱用纯
《朱子家训》的影响由此可见一斑。

（三）字慎正名，伪诈自止

自清初朱用纯《朱子家训》问世之后，世间便已存
两部以"朱子家训"为名的家训作品。从得名源流来
看，朱熹《朱子家训》初名为"家训"，后渐与"朱
子"特称相结合而有"朱子家训"之名；朱用纯《朱子
家训》初名为"治家格言"，后渐与"朱子"尊称相结
合而有"朱子家训"之名。但问题在于，"朱子"不仅
是南宋大儒朱熹的特称，亦是朱熹的尊称。此外，朱熹
《朱子家训》因种种原因并未在社会上广为流传；而朱
用纯《朱子家训》则受到朝野内外、上下阶层一致地追
捧。故而，世人常常会根据"朱子"的学术特称和"朱
子学"的官学威望而贸然地认定彼时流行风靡的后者为
朱熹所作，成为一大历史谬误。

针对这种误解，自清以来诸多文人、学者以及官员都
曾考证并厘清过这一误解。昆山本地人顾公燮于乾隆五十
年撰写《消夏闲记摘抄》，言"朱子格言，系昆山朱柏庐
所作，非文公也"。金光溥于道光二十九年（1849）在
《朱子家训说略》再次强调该家训作品为朱用纯所作。此

外，光绪三十二年所修《张香都朱氏续修支谱》卷末载有《朱柏庐治家格言》，并注明"案：先生姓朱氏，名用纯，字致一，别号柏庐，江苏昆山人。明季诸生，讲性理之学。此格言系先生所撰"，由此可见，朱氏后人非常清楚朱用纯乃《治家格言》作者。《管子》中曾告诫，"守慎正名，伪诈自止。"只有谨慎地辨正名实，才能终止疑惑、迷茫、谎言。彼时诸多学者都不约而同地将此风靡于世的家训作品重新更名为"治家格言"，并标明作者。如清乾隆陈炼篆刻《朱用纯治家格言印谱》，清同治丁日昌书刻本《朱用纯先生治家格言》，清光绪刘福姚书刻本《朱用纯先生治家格言》，显然都在有意识地指认该家训作品的作者，以避免混淆与弄错。

二、朱用纯其人

朱用纯，生于明天启七年（1627），卒于清康熙三十七年（1698），昆山人，自号"柏庐"。朱用纯六岁始读《小学》，八岁看到家族收藏的《睢阳五老图》原本，十七岁补博士弟子员。十九岁时父亲以城陷投河自尽。自此，茹哀饮痛，放弃儒冠，潜心治学，设馆授徒，肩负家庭重担，拒绝朝廷的招安和入仕。其人一生光明磊落，学问与德行备受时人瞻仰。梁启超在《中国近三百年学术史》中称赞朱用纯"气节品格能自异于流俗者"。在《昆新两县续修合志》中被归入"儒林"，仅次于顾炎武；在《清史稿》中位列"孝义"第一。

（一）玉峰朱氏

朱用纯家族祖上世代书香，多入朝为官、明经善书，尤以亲孝仁爱之家风著称，贵为望族，人称"玉峰朱氏"。父亲朱集璜，以教书为业，授徒数百人。清顺治二年，朱集璜率门人弟子协助当地官员坚守昆山城，誓死抵抗清人的入侵，七月城陷，朱集璜投东禅寺的后河而死。乾隆四十一年（1776）奉旨入祀昆山县忠义孝悌祠。

（二）"柏庐"之号

"柏庐"二字来源于"二十四孝"王裒的典故。王裒，西晋学者，其父死于非命，便在墓旁搭草庐守孝，早晚到墓前跪拜并手扶柏树哭泣，眼泪滴在柏树上使之枯萎。王裒终生不仕朝廷，隐居教书。正遭受国破、家亡、父丧大劫难的朱用纯仰慕王裒这份孝心、气节，取号柏庐，效仿王裒，结庐守孝，照料母亲，抚养幼弟。从此，其人生选择、追求、志趣已非常明了，即恪守原则、淡忘

9

名利，做一个有底气、有骨气、有傲气的读书人。

（三）"腐儒"自嘲

众所周知，一代革命文人鲁迅曾以"孺子牛"自嘲，发表了不与世俗同流合污的人生宣言。而早在三百多年前，朱用纯曾以"腐儒"自嘲，表明自己一心只求圣贤学问的志向。腐儒，或解为迂腐的儒生，或解为"腐乳"。在朱用纯看来，这两者都是指自己。在家国同构、忠孝一体的社会里，儒生识字读书大都希冀金榜题名、匡扶天下。而朱用纯本人却逆势而为，隐居教书，甘作布衣，以"腐儒"自诩。在朱用纯看来，腐乳虽不能与珍馐佳肴、山珍海味相媲美，但却是餐桌上必不可少的食品，有其妙用；相应地，腐儒虽有些不识时务，但也必定有其不可或缺的社会妙用，正所谓，"天生我材必有用！"在自嘲和打趣中，朱用纯坚定了自己的选择与追求，不入仕、不结交朋党、不媚于世俗，在真情、真性、至孝、至慈中走完无悔的一生，堪称儒者之一典范！

（四）学贵毋欺

毋欺，于己、于人都应不欺瞒、不欺骗，为人处世坦坦荡荡、光明磊落。孔子曾说："知之为知之，不知为不知，是知也。"知道就是知道，不知道就是不知道，这才是真正的智慧。朱用纯强调学贵毋欺，告诫自己做学问来不得半点儿虚假，知道就是知道，不知道就是不知道，不能骗人，更不能自欺。他曾在一位学生的书桌右侧题写了四句话，"受人言，毋自欺，能力行，圣可希。"该座右铭就是希冀学生能够接受他人的建议，不要自欺欺人，凡事皆应落实到行动中方能有一番大成就、大作为。朱用纯曾将读书感受、求学游历、授课心得、生活点滴等详细地辑录为一书，并以"毋欺录"三字命名，提醒自己脚踏实地地读书、求学、做人。在此书中，他写下了"实实做得圣贤学问不偷一分，实实尽得圣贤道理不欠一分"的为学之道。做学问就是做人，只要认认真真地做圣贤学问，自然就能参透圣贤道理。一份耕耘注定会有一份收获。

三、《治家格言》其书

《治家格言》，世称《朱子家训》，为朱用纯所作。虽仅五百余字，却长短有致、对仗押韵、遣词造句、妙语连珠，且言简意赅、通俗易懂、是非明辨、善恶悬殊。文字与义理皆有所长，备受时人推崇。彼时，"江淮以南皆悬之壁"，被奉为"治家之经"。据说，清康熙、乾隆都曾留意过《朱子家训》文本，并让人译为满文，作为皇子、皇孙以及八旗子弟的童蒙读物。民国以来，以朱用纯《治家格言》文本内容而制作的石雕碑刻、印章木刻、书画瓷器、印刷制品更是层出不穷，甚至走出国门，影响遍及全世界。

（一）古韵遗风

朱用纯一生著述颇丰，但为世人所熟知并广泛流传的却只有《治家格言》。这部五百余字的家训作品凝结了朱用纯以弱冠之年肩负家庭乃至家族重任的心路历程，更浓缩了其对伦常生活的细致观察与生命智慧。就文本内容而言，朱用纯《朱子家训》细致地探讨了人与人之间的道德关系（"人伦"）、个人所应秉持的道德品质（"品质"）、个人所应恪守的言行规范（"言行"）、家庭财富合理的收入与支出（"财务"）、个人与家国以及命运的关系（"家国"）等方面的处世箴言。具体来说，朱用纯《朱子家训》谈论人伦关系并非一味地主张亲近友爱他人，亦强调应远离品行不端之人，如"狎昵恶少，久必受其累"；谈论婚嫁习俗时，强调不以财物而以品行作为婚嫁的衡量标准，"嫁女择佳婿，毋索重聘；娶媳求淑女，勿计厚奁"，这些提法皆包含着朴素的辩证法思想，亦体现了传统文化中的中庸精神。"

此外，该部家训作品不乏富含哲理智慧的名言警句。如：强调爱惜粮食，"一粥一饭，当思来处不易"；注重事前准备，"宜未雨而绸缪，毋临渴而掘井"；告诫远离贪恋，"勿贪意外之财"；谈论勤俭持家，"自奉必须俭约""颓惰自甘，家道难成"等，这些名言警句于今时今日仍朗朗上口，为世人所津津乐道，对当下生活仍具有重要的指导意义和社会价值。

二、古为今用

《治家格言》之所以能三百年来历传不衰、历久弥新，原因在于人人皆可从其修身箴言、居家良言、处世劝言中汲取生活营养、体悟生活智慧。家，对于华夏儿女而言，不仅仅是栖身避难的场所，更是充满浓浓情意、深深关怀的心灵港湾。甚至可以说，家庭就是社会的演习场。在未进入社会之前，个人在家庭中不断地养成自我的生活习惯、生活技能、生活目标，也逐步学会处理人际关系以及听取必要的生活劝诫。这些能力都是个人在社会中所必须的，更是一个不断成长、成熟的过程。生活经验早已告诉我们，如果一个人在家庭生活中能够养成良好的生活习惯、高尚的生活情操、公正的是非观念，那么其在社会上也总是能以积极、乐观、向上的态度示人，进而更好地开展自己的学习、工作、生活。《治家格言》正是在是非分明的说理中告知我们生活经验与处世智慧，对当下的生活具有重要的现实价值与指导意义。

鲁迅曾说，我们要运用脑髓，放出眼光，自己来拿。而"拿来主义"不仅需要积极学习西方文化，还应深入到中华民族的传统文化中。因时代、语言等多种原因我们很难吃透博大精深的传统文化，但千里之行始于足下，选取历经时间检验的经典文本有助于我们感受古人的远见卓识和传统文化的魅力。《治家格言》则是这样一本经受住了时间和实践的检验，且对当下生活仍能发光发热的经典文本。此经典虽作于三百多年前，但修身、齐家、治国、平天下皆涵盖在内，家庭人伦、个人品质、外在言行、名利财物、理家为国均有涉猎。这些思想在今天仍然非常有意义，值得我们揣摩、学习。

小专题 1

《治家格言》

（俗称《朱子家训》）

——朱用纯

黎明即起，洒扫庭除，要内外整洁。既昏便息，关锁门户，必亲自检点。一粥一饭，当思来处不易。半丝半缕，恒念物力维艰。宜未雨而绸缪，毋临渴而掘井。自奉必须俭约，宴客切勿留连。器具质而洁，瓦缶胜金玉。饮食约而精，园蔬愈珍馐。勿营华屋，勿谋良田。三姑六婆，实淫盗之媒。婢美妾娇，非闺房之福。奴仆勿用俊美，妻妾切忌艳妆。祖宗虽远，祭祀不可不诚。子孙虽愚，经书不可不读。居身务期质朴，训子要有义方。勿贪意外之财，莫饮过量之酒。与肩挑贸易，勿占便宜。见贫苦亲邻，须多温恤。刻薄成家，理无久享。伦常乖舛，立见消亡。兄弟叔侄，须多分润寡。长幼内外，宜辞严法肃。听妇言，乖骨肉，岂是丈夫？重赀财，薄父母，不成人子。嫁女择佳婿，毋索重聘。娶媳求淑女，勿计厚奁。见富贵而生谄容者，最可耻。见贫穷而作骄态者，贱莫甚。居家戒争讼，讼则终凶。处世戒多言，言多必失，毋恃势力而凌逼孤寡，勿贪口腹而恣杀牲禽。乖僻自是，悔误必多。颓惰自甘，家道难成。狎昵恶少，久必受其累。屈志老成，急则可相倚。轻听发言，安知非人之谮诉，当忍耐三思。因事相争，安知非我之不是，须平心再想。施惠勿念，受恩莫忘。凡事当留余地，得意不宜再往。人有喜庆，不可生妒忌心。人有祸患，不可生喜幸心。善欲人见，不是真善。恶恐人知，便是大恶。见色而起淫心，报

15

在妻女。匿怨而用暗箭，祸延子孙。家门和顺，虽饔飧不继，亦有余欢。国课早完，即囊橐无余，自得至乐。读书志在圣贤，非徒科第。为官心存君国，岂计身家？守分安命，顺时听天。为人若此，庶乎近焉。

第二章

人伦篇

人伦，即人与人之间的关系及相应的伦常规范。家庭人伦，则是指在家庭范围内应遵循的人际关系及所应践行的伦常规范。

具体来说，传统的家庭人伦有狭义与广义之分。狭义的家庭人伦就是传统社会的五伦，即"父子有亲，君臣有义，夫妇有别，长幼有序，朋友有信"，它规定了父子、君臣、夫妇、长幼、朋友五种人伦关系以及亲、义、别、序、信五种伦常规则。五伦一方面可成为规范家国社会的有效伦常秩序，另一方面却易沦为服务于君主专制的政治工具。广义的家庭人伦则是指个人在家庭生活中所可能面临的所有人际关系，包括血缘关系、姻亲关系、社会交往、奴仆、三姑六婆等。这些人伦关系则是将五伦关系丰富化、具体化、生活化，仍遵循着长幼尊卑的秩序要求，适应了传统社会累世同居的大家族的治理，成为传统社会伦常要求的重要组成部分。

概括来说，家庭人伦主要有两条主线：一条是纵向的上下关系，强调某一方的强权、特权，如父与子、先祖与后人、主人与仆人；另一条是横向的平行关系，强调关系双方的平等，如兄与弟、夫与妇以及朋友、邻居、陌生人。古代宗法社会非常强调等级尊卑、血缘长幼，过分抬

18

高纵向关系并使横向关系屈从于纵向关系。例如，长兄与幼弟虽是手足，但因长兄较为年长，可以名正言顺地继承父亲的地位与财富，还可以行使父亲的一定的权力，可以教育幼弟，故有"长兄为父"的说法。

朱用纯《朱子家训》非常重视家庭人伦，既考虑道祭祀先祖、孝顺父母、教养儿孙、帮助兄弟叔侄，亦谈及忌妻妾、择朋友、远姑婆等。由此可以看出，朱用纯非常重视血亲关系，包括直系的先祖、父母、儿孙与旁系的兄弟叔侄；但对异性则要求不能一味地亲近而是理性地判断之后在结交。总之，因血缘关系的自然存在，长与幼、上与下皆能清晰地确定并持久。故而，该部家训作品要求尊重这种自然的血缘关系并恪守相应的秩序规范，进而保证家庭乃至社会的长治久安。否则便会"伦常乖舛，立见消亡"。

一、追宗祭祖

朱用纯《朱子家训》（为求统一，此处开始皆用此称，而不用《治家格言》之名）谈及"祖宗虽远，祭祀不可不诚"，后世子孙内心应虔诚地祭祀进而缅怀先祖。中国有句古话，"前人栽树，后人乘凉。"所谓先祖，就是那不辞辛劳地栽树的前人；后世子孙则是那仰仗着前人栽树之功而有凉可乘的后人。后人应时刻铭记前人栽树之劬劳，所以应借助一套庄重的仪式活动来传达缅怀与追忆之情。《论语》亦曰："慎终追远，民德归厚矣。"庄重地置办丧事，虔诚地追忆先祖，民风自然地归于醇厚，社会也就秩序井然了。前人与后人，以血脉为基石，以亲情为纽带，不断地传承下去，进而永葆家族、民族、国家乃至文化的生机，使其源远流长。

（一）祭祖之礼

对于百姓之家，祖与宗并无差别，常并称血亲先祖。但对于帝王家，二者则有一定的差别。祖者，偏重时间，强调先、始；宗者，偏重品质，强调尊、本。古代帝王的庙号常以祖尊称开国君主，而后继君主则尊为宗。其实，宋代以后庙号常形成一种规律，开国君主为太祖，继任者则为太宗，如宋代的开国皇帝为宋太祖赵匡胤，第二位皇帝为宋太宗赵光义，同时代的辽、金以及后来的清亦是如此固定的称谓习惯。

普通之家与帝王之家皆通过一定的祭祀之礼来追忆先祖。祭祀的对象则是日常所说的"天、地、君、亲、师"。该说法出自《史记》，具体文本则为"上事天，下事地，尊先祖而隆君师，是礼之三本也"。除天、地二本外，先祖、君主、老师三类人亦是以礼尊敬的对象。有先祖才可言成家，有君主才可言有国，有老师才可言成人。先祖作为一家之神，是家族血亲关系的根本，而对先祖行礼莫过于祭祀，祭祀先祖一般会在选特定节日，向先祖供奉一定的祭品，然后行礼以祈福消灾。祭祖常常可分为两类：族祭和家祭。族祭常常是同一个姓氏的大家族聚在一起共同祭祀先祖，在某一特定场所举行，如祠堂、坟墓。参祭人员非常多，场面非常隆重。家祭则是一个小家庭聚在一起的祭祀，可在家内也可在墓地拜祭，一般是逢生辰忌日、过年过节祭拜，家庭成员男女老幼皆可参加，不穿祭服。

（二）祭祖之诚

祭祀之礼，有一套完整的仪礼形式，但其根本之处不在具体形式，而在于晚辈内心的茹哀思慕之情。朱用纯《朱子家训》提及"祖宗虽远，祭祀不可不诚。"祖宗虽已远去，但晚辈应胸怀一颗真心虔诚地祭拜先祖，不弄虚作假，亦不敷衍了事。孔子亦曾劝诚，即使粗茶淡饭，但能于吃饭前告慰拜祭先祖，就与斋戒后再祭拜一样的虔诚恭敬。东汉时期的丁兰，经常思念已故父母的养育之恩，于是用木头雕刻成双亲的雕像，供奉在自己的家中。对待双亲的木像犹如对待双亲一般，每日三餐先敬过双亲之后才自己食用，出门前一定禀告，回家后一定问候，事事都与双亲木像商量，从不懈怠。丁兰的孝心、孝行被后人敬为楷模，列入二十四孝。

祭祀，并不只局限于外在的仪礼规范，其要求诚实地正视并疏导内心的真情实感。朱用纯强调"祭祀不得不诚"，诚者实也，重视的是人人皆有的拳拳之真心和思慕之真情，不能掺假与糊弄。孔子曾说"吾不与祭，如不祭"，此处"与"字为动词，意指参加、参与。这句话是说如果不能亲自参加祭祀，则可以不祭祀。也就是说，祭祀活动应是本人亲自参加，而不能让人代替来祭拜。在哭丧习俗中，若亲人哭不出来，则可以花钱请人代哭，以表达对逝者的哀痛与追忆。可是，即使哭时再长、哭声再哀，却不是自己内心的真切感触与自然流露，而只是流于合乎丧礼规范的外在行为仪式。这样的心已不诚了，丧祭之礼显然已失去其内在的本质与精粹。

（三）先祖托梦

　　　古人常常相信，祖宗虽已逝去，但并不意味着远离。

祖宗虽已不在人世，却可以安然地生活于另外一个世界，并清楚地看到后世子孙们的所作所为、所言所行，进而托梦给后人，规劝其言行，引导其走上正道。五代时期的窦燕山，年轻时无所事事，斤斤计较，年至三十仍没有子嗣。一天晚上已故的祖父和父亲托梦窦燕山，告诫其应该多行善事才能改变无子嗣、寿命短的命运。醒来之后，窦燕山改头换面，勤俭节约，尽孝守礼，又尽心尽力地周济穷困之人，并大力兴建书社推行教育。之后，祖父与父亲又托梦给窦燕山并对他说："多年以来，你做了不少善事，上天因此给你延寿三十六年，并且赐给你五个贵子，将来都很显达，能够光宗耀祖。"后来，窦燕山亦如梦中所言，有了五个聪明伶俐的儿子。这就是《三字经》中所传唱的"窦燕山，有义方。教五子，名俱扬"的典故。

二、教子勉学

朱用纯《朱子家训》提及"训子要有义方""子孙虽愚，经书不可不读""读书志在圣贤，非徒科第"，引导子孙后代勤勉治学、通读经书、立志圣贤。读书，有助于成才，但此才并不只是为了求取功名科第，而是可以充实愚笨与空乏的脑袋，打开封闭和局限的视野，领略到经典的魅力与圣贤的情操，进而感悟到生命的沉重与可贵。在居家生活中，父母不仅生养子女，更应教育子女。而后者则是重中之重，希冀引导子女养成良好的学习习惯并树立端正的三观，受益终生。

（一）以义为教

朱用纯《朱子家训》强调"训子要有义方"。"义"者，宜也，此处指合宜、得体的行为规范与道德操守。17世纪英国唯物主义哲学家洛克提出著名的"白板说"，认为人的心灵如同一块白板，只有后天的经验活动才让其产生感觉和思维，进而有了个人的精神与人类的知识。该学说强调后天教育的重要性。若用真善美引导子女，子女看到的、听到的、做到的则亦是真善美，从而养成正确的人生观、世界观、价值观。万不可贪图一时便宜，而让子女养成偷鸡摸狗、言行不一、黑白不分等恶习，以致在成长道路中走更多的弯路。

"义"是中国传统伦理中的重要德目，不仅指合宜的规范和道德，还常常用以表示超越一般规范和道德的"大义"。中国传统伦理重义轻利，重义在于可以为了大义而舍弃利益，这就是孟子的"舍生取义"说；轻利在于其相较大义为轻，并不意味着不重视利。也就是说，当义利冲突之时，首要的选择应该取大义，必要时可牺牲利；当义利不冲突时，既应取义还可取利。显然，义利并不必然冲突，某种程度上可以达成一致，所以《墨子》中提出义也是一种利。中国社会长期鼓励"见义勇为"，近年来则倾向鼓励"见义智为"。二者差别之处在于"见义勇为"是不计得失地抵制恶势力；"见义智为"则要求有勇有谋地对抗恶势力。显然，"取义"是非常重要的，与此同时还要注重方式方法，尊重所有的生命。

（二）习读经书

经书，是指在历史长河中形成的，为世人所尊崇的经典文本。"经"者，本义为织布时的纵线。织布时，先布置好纵线，才能穿引横线，这就是"经正而后纬成"说法。显然，经书是最为根本、重要的典籍。说到儒家经书，通常会见到"六经""五经""四书""十三经"的说法。"六经"常指《诗》《书》《礼》《乐》《易》《春秋》。"五经"则是《诗》《书》《礼》《易》《春秋》。"四书"指《大学》《中庸》《论语》《孟子》。其实，"五经"本于"六经"，因"六经"中的《乐》亡佚，而成为"五经"。"十三经"是从先秦到南宋逐渐增删而确定的儒家十三本经典，分别是：《诗经》《尚书》

《礼记》《周易》《春秋左传》《春秋公羊传》《春秋榖梁传》《周礼》《仪礼》《论语》《孝经》《尔雅》《孟子》。

朱用纯《朱子家训》言道"子孙虽愚，经书不可不读"，即是说习读经书应成为家庭培育儿童的必备内容。朱用纯本人养成了习读经书的生活习惯，晨起后先拜祭先祖，之后就在庭院中诵读《孝经》，风雨无阻，从未间断。同时，他亦注重引导子孙后代习读经书，并编著此《治家格言》，要求族中儿童坚持天天诵读。此外，习读经书是为了向圣贤学习，陶冶自我情操、提升自身修养，进而不断地延展有限的生活并进达更高的人生境界。这本是读圣贤书的应有之义。但在现实生活中，许多人凭藉读书科考而进入仕途，让读书成为求生、求名、求利、求财的工具和手段，舍弃了钻研圣贤的道理，违背了读经书的本义。所以，朱用纯《朱子家训》告诫道，"读书志在圣贤，非徒科第"，即读书的第一任务应是学习圣贤之道，而不是求取科举功名。

三、孝顺父母

朱用纯临终前曾留下十字遗言，"学问在性命，事业在忠孝"。这既是其人生轨迹的真实写照，亦是对晚辈弟子的谆谆教导。一个人一生可以不接触性命学问，却必然有其操劳一生的事业。而事业中极为重要的部分，就是在家孝顺父母。

（一）重父母，薄资财

朱用纯《朱子家训》提出"重资财，薄父母，不成人子"，为人子女应该厚待父母，轻视钱财货物。也就是说，子女应该将父母的健康、快乐放在首位，而不能看重钱财，更不能为了苛求手中的钱财，而不尽应有的赡养义务。父母辛苦了一辈子，年老之后失去劳动力，在物质上、精神上都需要子女的照应与帮助，子女应该感激父母的养育之恩，承担起一定的生活责任，让父母安度晚年。据《二十四孝》中记载，春秋时期的楚国隐士老莱子，侍奉父母极孝，自己虽然已经七十多岁，却常常穿着五颜六色的鲜亮衣服，拿着拨浪鼓手舞足蹈，如小孩儿般戏耍，来逗乐自己的父母。也就有了"戏彩娱亲"典故。

现在，我们总在忙忙碌碌，先是求学，接着找工作，有了自己收入之后又要享受人生，却很可能忽视了时刻牵挂着自己的父母。为人子女的我们应该心中惦记着父母，打打电话，和父母聊聊天，即使再忙也要抽一些时间陪陪他们。正如那首脍炙人口的《常回家看看》所唱，"找点空闲，找点时间，领着孩子，常回家看看；带上笑容，带上祝福，陪同爱人，常回家看看"。父母所希望看到的不就是我们可以快快乐乐地生活，能把自己的快乐与他们分享吗？

（二）身体发肤，不敢毁伤

古人常说，"身体发肤，不敢毁伤。"这句话出自《孝经》，原文是"身体发肤，受之父母，不敢毁伤，孝之始也"。我们的血肉之躯，小到发肤，大到骨骼形体，都是父母生育的。只有先爱惜自己的身体、保护好父母赐予的身体，才是孝道的开始，才是真正孝顺父母的第一步。

古人非常注重孝道，践行着"身体发肤，不敢毁伤"的人生信条。即使小到自己头顶上的青丝，古人对其也是非常看重的。17世纪清人入关，统治者为实现自己的强权统治，强行要求所有男性剃发蓄辫。1645年，清顺治皇帝发布历史上著名的"剃发令"，实行"留头不留发，留发不留头"的高压政策。而汉人则奋起反抗，口号就是"宁为束发鬼，不作剃头人"。后来，大势已定，汉人也逐渐剃发蓄辫。两百多年后，革命党人兴起，试图推翻迂腐、落后的清王朝，也是先从剪掉辫子开始的。身体发肤对古人的重要性由此可见一斑。

反观当下，很多年轻人，甚至一些大学生、硕士、博士等高学历人才走上了轻生的道路。而他们轻生的理由又都那么苍白与无奈：为了爱情、为了工作、为了生活……但是，在鲜活的生命面前，什么理由都不应该成为理由。古人为感恩父母、孝顺父母甚至不敢毁伤一根头发，今天的我们怎么能为了一时琐事、一时之忧而轻易放弃年轻的生命并且不顾父母的养育之恩呢？白发人送黑发人，这对生养之父母来说是多么大的打击啊！学会珍惜生命，学会善待自己，才能让父母省心，这也是当代人必不可少的一份孝心。

（三）父母之年，不可不知

2014年春节联欢晚会的一首《时间都去哪了》唱出多少父母的心声、击中了多少儿女的泪点！"一生把爱交给他，只为那一声爸妈。时间都去哪儿了，还没好好感受年轻就老了……"时间总是那样不声不响地流逝，但父母那份沉甸甸的爱却不曾消减半分。为人子女的我们，应该注意到父母的白发、皱纹、叹息以及辛劳。孔子曾说："父母之年，不可不知也。一则以喜，一则以惧。"父母的年龄不能不牢记于心，既因其高寿而由衷地高兴，又要在心中时时恐惧其年事已高或遭不测。所以应记住父母的年龄，及时地奉养父母。

有一次，孔子在外游历，途中听闻很悲痛的哭声，以为前有贤人。孔子与弟子循着哭声看到身披粗布抱着镰刀的皋鱼在道旁哭泣。孔子下车询问其悲痛的缘故。皋鱼回答说是因为自己有三大过失：年少时为了求学，周游诸侯国，没有把照顾亲人放在首位；后来为了理想，为君主效力，没有很好地孝敬父母；再后来，和朋友交情深厚而疏远了亲人。接着，他还发出了"树欲静而风不止，子欲养而亲不待也"的悲叹。树想静下来而风却不停，子女想好好赡养父母而父母却不在人世了！说完这些话，皋鱼就悲痛辞世，希望可以陪伴、侍奉自己的父母。孔子颇为感慨，告诉弟子要引以为戒，当时就有十分之三的门徒辞行回家赡养双亲。

时代在变，思想在变，但亲人之间的那份拳拳亲情永不会变。扪心自问，我们还记得自己父母的生日吗？又有在他们生日的时候送上一句节日祝福吗？如果做到了，那就请继续坚持；如果没有做到，是不是应该检讨一下自己呢？亲情，虽没有保质期，但它仍需要呵护。

四、兄弟情深

兄弟之间，身体里面流着相同的血液，又有相伴相知的儿时岁月，感情自然就非常深厚，经得住考验。在长大之后，兄弟常常会因各自组建了新家庭而分家。虽然从此兄弟之间的交往有所减少，但彼此之间的熟悉感与亲近感仍然存在，这大概就是兄弟情深的缘故。此外，由于传统社会的兄弟恪守长幼尊卑的伦常秩序，从而赋予长兄更多的权力以及责任。传统社会的嫡长子制让长兄成为家族地位、财富的合法继承人，并相应地也需要担负起教育、抚养幼弟的责任。朱用纯自十九岁时父亲先逝之后，就担负起了抚养幼弟的责任。

（一）长幼有序

朱用纯《朱子家训》中说："长幼内外，宜法肃辞严。"古代宗法社会注重血缘关系，要求根据血缘之亲疏远近做到辈分明晰、长幼有序、内外有别。兄弟，因出生时间的先后而有了长幼之分，相应地亦有了尊卑。兄为长，位尊，要爱护幼弟，有话语权和继承权，亦有类父亲的社会地位；弟为幼，位卑，要顺从兄长，没有话语权和继承权。

虽同为兄弟，但因出生时间的先后差异而带来了天壤地别的社会地位。有鉴于此，的确会有人心生不甘，通过一定的人为手段来打乱出生时间顺序以获取自己的利益。经典豫剧"狸猫换太子"就是对这一现象的艺术化处理。该剧讲到宋真宗时，东宫李妃和西宫刘妃皆先后怀有身孕。刘妃与宫中总管郭槐设计用一去掉皮毛的狸猫换走了李妃先出世的儿子，而刘妃后生的儿子则被立为太子。通过人为的手段让自己后出生的孩子继承嫡子的位置，显然是非常自私自利的，亦反映出古代长子所具有较为崇高的地位。

（二）兄弟互助

朱用纯《朱子家训》中，"兄弟叔侄，须分多润寡。"兄弟叔侄之间家境富足的应该多帮衬贫苦的。因才能、机遇等多方面的原因，兄弟叔侄之间常有富贫、强弱的差异，应该帮助那些需要帮助的亲人。《论语》曰"兄弟怡怡"，认为兄弟间的情谊是和悦、和亲、和睦，即相亲相爱、相互帮助的。三国时孔融将大梨让给哥哥和弟弟，而自己只挑选了最小的梨，亦体现了兄弟间的相亲友爱。当代中国，改革开放政策主张让一部分人先富起来，再让先富的这部分人帮助剩下的人，最后实现共同富裕。

33

这就是要求人们在国家这个大家庭里相互帮助、奔向共同富裕。

作为儒家重要伦理德目的"悌"，讲的就是兄弟之间应相亲相爱。孔子认为，孝悌是仁爱的根本。当代梁漱溟先生认为，如果你不能亲爱自己的家人，又如何能够亲爱他人。孝顺父母、友爱兄弟成为儒家伦理的根本处与肇始点。同时，强调兄弟之间的亲爱关系也是对同根同源的血亲关系的尊重与重视，所以才会有"本是同根生，相煎何太急"的控诉与不满。但是，兄弟亲爱并不是意味着大包大揽所有事情，应时刻牢记两个界限：一是法律界限，杜绝以权谋私、营私舞弊、假公济私、贪赃枉法等违法乱纪行为；二是人我界限，人人皆为独立之成人，应该学会对自己的行为负责并肩负起生活的责任，而不能因过度依附他人而丧失独立的自我意识。

五、其他人伦

朱用纯《朱子家训》不仅关注血亲关系的维系，亦谈论了与妻妾、朋友、奴仆、三姑六婆、邻居、陌生人等非血亲的人际关系；同时，对于血亲关系侧重维系骨肉亲情；对于非血亲关系则侧重用道德的眼光甄别选择。显然，非血亲关系结交的准则即为道德，合道德的则亲近，不合道德的则疏远，也就是用理智的眼光甄别对方的人格品质进而再选择结交。

（一）妻妾

朱用纯《朱子家训》劝诫，"妻妾切忌艳妆""婢美妾娇，非闺房之福"，前者是说妻妾切不可着装艳丽；后者强调娇艳的妾婢不是家庭的幸福。过分追求外在的美丽并不意味着家庭的幸福，在现实生活中则常常有可能招致祸患。《水浒传》中的潘金莲就是这样的例子。她因外在的美貌及艳丽而引起西门庆的注意，后来两人有了苟且之事，最后合谋害死自己的丈夫。家训反对的只是过分的追求外在美貌。故而，古人治家箴言中多次重申艳丽的外貌与潜在的祸患之间存在着某种关联。

朱用纯《朱子家训》不提倡追求外在的美貌，而提倡内在的美德。故而写出了"娶媳求淑女"的格言警句，强调应该选择贤良美好、品质淑良的女子做媳妇。孔子亦曾提出"贤贤易色"的说法，按杨伯峻先生的解释，即是说对待女子，应该看重贤才，轻视美色。说到女子的德行，古人对此有"三从四德"的要求，"三从"指幼从父、嫁从夫、夫死从子；"四德"指妇德、妇言、妇容、妇功。

该道德规范将女性与顺从、温婉、柔弱等德行联系起来，进而维护了家庭的和谐与稳定。女子的美德比美貌更重要，更吸引人。看过《三国演义》的人，绝不会忘记神机妙算的诸葛亮。但正是这位聪明绝顶的风云人物，娶了貌相丑陋、黄头发、黑皮肤的黄氏为妻，黄氏虽没有美貌，却蕙质兰心、才气超然、上知天文、下知地理，是一位难得的心灵伴侣。

（二）朋友

朋友常常并没有血缘关系，但他们可以像亲人般陪伴着自己，成为自己的知心人，陪伴着自己见证成功、体味失败。中国人历来就非常注重友情，更相信四海之内皆是朋友。当朋友要离开、奔向自己前程的时候，彼此都会相互安慰，天下无不散之筵席而友谊长存。这种没有利益纠葛的纯粹朋友之情可以算作最高境界的友情。世界范围内的各样文明中很少有像中华文明这样热烈地歌颂友情与知己的。伯牙与钟子期的"高山流水遇知音"的故事，几千年来成为朋友的典范。这种不言而喻、不宣而昭的友情其实也的确不需要说太多话，因为他们互相理解、互为知己，一切尽在不言中。我们会期待和寻找朋友，自己也会为遇到知己而感谢生活、更加享受生活。

朱用纯《朱子家训》如同家中父母般，殷切地告诉了我们应如何结交朋友："狎昵恶少，久必受其累；屈志老成，急则可相依。"意思是，亲近不良少年，早晚会受其牵累；接近恭敬自谦者，在陷入危难时则可受到点拨与指导。也就是说，朋友应该有选择地结交。特别是，朋友的言谈举止、习性爱好都会对自己产生很大的影响，即古人常说的，近朱者赤、近墨者黑。现在聊天通讯的方式越来越多，QQ、微信、微博、摇一摇等方式皆可以实现即时交流。随着交流方式的多样化，便捷化，交流的潜在对象也大量地增加，对此，结交朋友更应该有所甄别，谨防可能遭到的财产人生安全的威胁。近几年来，因结交网友不慎而被骗财骗色、误入歧途的案例时有发生，我们必须高度重视和警觉。

（三）奴仆

奴、仆常并列使用，通指在主人家做杂役、打下手的人。但其实，奴婢与仆人还是不一样的，奴婢常为有罪之人，为主人所购买，没有人身自由，所有权属于主人；仆人则为自由人，与主人之间是雇佣关系，所有权只暂时属于主人。朱用纯《朱子家训》说道："婢美妾娇，非闺房之福""童仆勿用俊美"。此两句格言重在期望居家生活勿用容貌出众的奴婢、仆人。奴仆最重要的品质是会做事、愿做事，为主人分忧，而不是涂脂抹粉、争相打扮。奴仆若不专心自己的工作，而只关注自己的外貌与打扮，其用心显然是不纯正的，不仅不能做好分内之事，亦有可能导致诸多家庭是非，影响家庭的和谐与稳定。

该部家训亦多次强调远离美妾。古代社会的婚姻制度为一夫一妻多妾制度，妻为八抬大轿、明媒正娶的伴侣；妾则为正妻之外、未经媒妁的伴侣。妾大都是从女仆升上来的，一些女仆凭藉姣好的容颜，再加上细心谋划，成为主人的妾。既已成为妾室，就可能继续处处经营、小心算计，觊觎正妻的位置；而正妻为了自保以及打压偏妾的痴心妄想就会处处设防、步步为营，家庭内部就会天天上演各种争斗的戏码，绝不逊色于现在流行的宫斗戏。而"屋内失火"的男人又怎能安心治家、忠心为国呢？唯有最初就远离娇美的妾婢，提防可能威胁家庭稳定的各种诱因，才能稳住家庭的和谐。现在很多家庭，夫妻双方工作繁忙不能照顾老人、小孩，就会请保姆或钟点工，有时候也会要求保姆或钟点工不要太漂亮或太艳丽，这也都是情理之中的考虑。

（四）三姑六婆

三姑六婆，初指中国古代民间女性职业，出自元末明初陶宗仪的《南村辍耕录》。原文为，"三姑六婆。三姑者：尼姑、道姑、卦姑也；六婆者：牙婆、媒婆、师婆、虔婆、药婆、稳婆也，盖与三刑六害同也。人家有一于此，而不致奸盗者，几希矣。若能谨而远之，如避蛇蝎，庶乎净宅之法。"这段文本指出，普通人家若有人从事其中任何一种职业，很难不会引致奸盗等犯罪；若能谨慎远离这些职业以及职业者，就可算是干净家门的好方法。与此相应，朱用纯《朱子家训》亦认为"三姑六婆，实淫盗之媒"，痛斥三姑六婆会招致奸淫和盗窃。

前几年常有"骗人钱财的大仙"的报道。这些大仙自身文化程度不高，且常在一些文化程度普遍不高的偏远农村地区招摇撞骗。他们自称"大仙"，具有法眼，常掺杂多种鬼神之说，声称可以看病、开药、治病，还可以帮生病的小孩子"叫魂"。此外，还会搞出各种各样的名堂和噱头，让主人掏钱去病、免灾、祈福，以致很多辨别能力较弱的人上当受骗。现在，信息越来越发达，人们的文化水平也大幅提高，生病后几乎都是首先寻求正规卫生部门的帮助，不再迷信这些大仙的骗人伎俩，也就渐渐鲜有这样的新闻报道。

经常与三姑六婆一起出现的，那就是七大姑八大姨。七大姑八大姨，常常是对上一辈女性亲戚的统称。姑，是父亲的姐妹；姨，是母亲的姐妹，七与八不是具体数字，而是一种概称，相当于很多个。姑与姨都是非常亲近的亲戚，大都非常关心晚辈的学习、工作、婚姻等问题。近几年，新闻报道上经常出现七大姑八大姨是春节"杀手"的描述。原因在于，春节期间，所有亲戚就会聚在一起，这些七大姑八大姨自然会过问下一代的学习、婚姻等问题。尤其是现在的年轻人婚龄普遍推后，这些七大姑八大姨便急着在春节期间张罗各种相亲，给年轻一代带来压力，于是"杀手"的称谓也就应运而生了。

小专题 2

《朱子家训》
——朱熹

君之所贵者，仁也。臣之所贵者，忠也。父之所贵者，慈也。子之所贵者，孝也。兄之所贵者，友也。弟之所贵者，恭也。夫之所贵者，和也。妇之所贵者，柔也。事师长贵乎礼也，交朋友贵乎信也。见老者，敬之；见幼者，爱之。有德者，年虽下于我，我必尊之；不肖者，年虽高于我，我必远之。慎勿谈人之短，切莫矜己之长。仇者以义解之，怨者以直报之，随所遇而安之。人有小过，含容而忍之；人有大过，以理而谕之。勿以善小而不为，勿以恶小而为之。人有恶，则掩之；人有善，则扬之。处世无私仇，治家无私法。勿损人而利己，勿妒贤而嫉能。勿称忿而报横逆，勿非礼而害物命。见不义之财勿取，遇合理之事则从。诗书不可不读，礼义不可不知。子孙不可不教，童仆不可不恤。斯文不可不敬，患难不可不扶。守我之分者，礼也；听我之命者，天也。人能如是，天必相之。此乃日用常行之道，若衣服之于身体，饮食之于口腹，不可一日无也，可不慎哉！

第三章

品质篇

品质，是指人的外在行为所显示出来的品性、思想等内在实质。梁漱溟先生曾说，好的行为总是源于好的心理。也就是说，因为具有良好的内在品质，人就会更容易表现出好的外在行为。家庭品质，则是因适应家庭生活而必须具备的相应的道德品质。人之所以可以培养良好的家庭品质的原因在于，人性皆善，为善、向善皆是呼应人性的必然要求，个人可从中不断培养道德品质并提升个人修养。《三字经》开篇曰："人之初，性本善，性相近，习相远，苟不教，性乃迁。"出生之初，品性皆是单纯的、善良的、美好的，故而才是彼此相近的；但随着不断地成长，人生际遇、家庭环境以及社会经历都会让人有了多种生活样态，亦有了好人、坏人的悬殊评判。由此可见，外在环境会对个人品质的培养与塑造有着深刻的影响与作用。而家庭是非常重要的生活环境，具有长期性，自呱呱坠地便贯穿于人的一生；还具有贯通性，个人既可以通过家庭向内探寻生命的本质，亦可以通过它向外在世界扩充生活的智慧。朱用纯《朱子家训》强调理智地培养俭朴、助人、感恩、沉静等优秀家庭品质，而规避懒惰、刻薄、自大、妒忌等不良品质。

一、尚勤俭质朴，戒颓惰荒淫

勤俭节约、艰苦朴素是中华民族的传统美德，是治理家国的文化传统与指导思想。清人金缨在《格言联璧》中总结道，"勤俭，治家之本"。勤俭治家实为中华民族重要的居家思想。此外，勤俭亦可治国，毛泽东主席在《关于正确处理人民内部矛盾的问题》中指出："要使我国富强起来，需要几十年艰苦奋斗的时间，其中包括厉行节约、反对浪费这样一个勤俭建国的方针"，即是说勤俭建国才能帮助国家走向富强。从朱用纯《朱子家训》亦可看到，勤俭质朴对于家庭生活极为重要，而骄奢懒惰则足以毁掉一个幸福的家庭。俗话说，"细水长流年年有，大吃大喝不长久。"懂得节约、简朴的人就可以积累丰富的物资，不会出现短缺；而奢侈享受则只会让有限的家庭物资消耗用光，甚至让家庭背上负债的重担，导致家庭的不安定。

（一）民生贵勤

勤者，劳作也，不偷懒也。俗话说，"民生在勤，勤则不匮"。只要勤劳地开动双手，就不会物资缺乏，吃不上饭。古人常说，开门七件事，柴米油盐酱醋茶。样样都需要开支，不劳动怎么可以维持一个家庭呢？勤劳，不仅可以创造物质财富，还可以创造精神财富。鲁迅有一句名言，"哪里有天才，我是把别人喝咖啡的工夫都用在工作上的"。正是凭藉笔耕不辍、辛勤耕耘，鲁迅成为了文坛巨匠。朱用纯《朱子家训》中亦告诫子女不得懒惰，"颓惰自甘，家道难成"。颓者，消沉、萎靡、不振作；惰者，懒惰、懈怠、不勤劳。若沉湎于衰颓、懒惰而不能积极地劳作，家道是很难兴旺的。也就是说，一个人懒惰了，不踏实做事情，就很难守住家业、家道。"富不过三代"的俗语也正是在告诫后人这个道理。一些富人家的小孩在优渥的家庭环境下长大，容易养成骄奢淫逸、好吃懒做的坏习惯，常常很难将祖上传下来的家业做大、做强，反而还不断地吃空、败坏家业。

当然，勤劳还是懒惰取决于个人的选择与行动。每个人都有双手双脚，都能说会道，这是我们能够劳动、产生价值的工具。人类的始祖不正是通过劳动让自己直立行走，成为能够支配双手、独立思考的人吗？但是，生活中总有些人不愿意迈开双脚、开动大脑，只希望坐享其成，而最终只会让自己陷入困局。我们所熟知的"懒人吃大饼"的通俗故事，讲的就是一个人因为太懒而不愿意转动颈脖的饼，最后活活饿死。当然，在现实生活中，也有一些只是看似很懒的

人。他们似乎懒得不愿意起床、出门、结交，整个生活状态

既"宅"又"懒"。但是关键时刻，他们却比很多人都更勤劳、卖力，把事情干得更出彩。事后询问他们原因，原来平时不愿意动是想躺在那里好好地想想事情，把事情理顺了，此便做起事情来更有头绪和干劲。看来，他们只是表面上很懒的人，其实是在勤思不辍。

（二）居家质朴

朱用纯《朱子家训》言道，"居身务期质朴""自奉必须俭约"。日常生活中应该养成节约质朴的好习惯。俭，本义是指自我约束、不放纵，后常指节俭、节省。对于每一个人而言，我们拥有一具感性的肉体，自然也就会希望吃更美味的食物、穿更漂亮的衣服、住更豪华的房子等；但人也具有理性，理性会帮助我们思考这些想法实不实际、应不应该、需不需要、可不可行。"俭"这种美德就是要求人用理性，衡量、筛选、取舍自己的感性欲望。

家庭，经不起折腾、消耗，应该回归简单质朴，讲究细水长流，讲究一个"俭"字。生活本来可以很简单的，无论贫穷、富裕，每天所需要的都只是三餐饭。吃太多、太好，会三高蹿升，威胁身体健康。生命机体所具有的这一特征，不正是告诉我们不需要斤斤计较、苦苦追求。因为这样只会给我们的生活增加负担，反而感受不到生活的简单与美好了。"居身务期质朴""自奉必须俭约"格言，就是希望每个人可以自我打开枷锁，感受到生活的简单，享受生活的幸福，尤其是家庭生活的和谐美满。此外，节俭生活不是刻薄小气，而是在满足合理生活需求的前提下高效地使用现有的物资。因此，该部家训主张应珍惜粮食、不流连聚会、不贪吃、不贪酒、不贪豪宅良田等，并落实在生活细节之中，过上节俭生活。

近几年很多高校食堂都有"光盘行动"，倡导在大学生中践行爱惜粮食、珍惜食物的传统美德。很多高校食堂的餐桌上都有朱用纯《朱子家训》中的"一粥一饭，当思来之不易；半丝半缕，恒念物力维艰"这句脍炙人口的格言。这句话朗朗上口，很容易背诵、记住，但是我们能不能真正践行其内涵与实质呢？这个地方只能先打一个问号。作为当代的中国人，尤其是成长在改革开放红利中的青年需要反问自己，需要节约粮食、财物，需要体会生活的艰辛与不易，需要时刻怀有一颗感恩之心。

（三）勤俭并行

勤，是勤于劳作；俭，是生活简朴。前者开源，创造物质财富；后者节流，不浪费生活物资。勤、俭并行，物资才会充裕，生活才有保障，品质才能不断提升。2006

年，全国自上而下贯彻、落实、践行"八荣八耻"的价值观，其中的"以辛勤劳动为荣，以好逸恶劳为耻""以艰苦奋斗为荣，以骄奢淫逸为耻"，弘扬的正是勤劳、节俭的品德。作为中华民族的传统美德，勤劳节俭应该成为当代人继续发扬的生活品质。

中国有句古话，"理财之道，不外开源节流"。想要管理好财物，就应该在"开源"和"节流"两个方面都努力。所谓的"开源"就是勤，不断地创收，增加家庭收入；所谓的"节流"就是俭，减少不必要的消费，节省家庭开支。这就好比给水池装水，水池上方进水的水龙头一直开着，下面的出水口则关着，通过上、下的配合，水池可以蓄起越来越多的水。相应地，只有开源与节流两个方面的共同配合，家庭物资才会不断地累积起来，变得富足。

有一个讲勤俭并行、不能偏废的民间故事，一个农民，一生勤俭持家，生活十分美满。在临终前，他将写有"勤俭"二字的横匾交给两个儿子，嘱托他们要按照匾额治家，才可以不挨饿。后来兄弟俩分家，老大分得"勤"字，老二分得"俭"字。自此，老大每天日出而作、日落而息，年年五谷丰登，但因家人大手大脚，不珍惜粮食，也没有什么余粮。老二不勤于劳作，疏于农事，每年所收获的粮食不多，尽管节衣缩食、省吃俭用，也难以持久。后来，兄弟两人才恍然大悟，"勤"与"俭"不能分开，有勤有俭，勤俭并行，才会有越来越好的家庭生活。

二、尚乐善好施，戒刻薄持家

乐善好施，是华夏礼仪之邦优秀的待人之道。朱用纯《朱子家训》中说："施惠无念""见穷苦亲邻，须加温恤""刻薄成家，理无久享""与肩挑贸易，毋占便宜"。这些格言皆在告诫家人应乐善好施而不应小气刻薄。在居家生活中，从正面来说，我们应该热心积极地帮助那些需要帮助的人，同时不要把这些帮衬之举放在心上以图回报；从反面来说，我们不应刻薄小气、占他人便宜，尤其是欺负那些辛勤的劳动者。也许有人会纳闷：一个家庭既要勤俭节约，又要乐善好施，难道不矛盾吗？现举一例来说明，只进水不出水的水池会越来越满，最后就会慢慢溢出，水也丧失其价值。家庭通过勤俭可以积聚财富，但是财富是生不带来死不带走的，若可以帮助那些陷入困境之人，又何乐而不为呢？

（一）乐善好施

朱用纯《朱子家训》谈及"见穷苦亲邻，须加温恤"，看到亲戚邻居穷困劳苦时，应当嘘寒问暖、施以援手。亲人，是有血缘关系之人；邻居，则是有地缘关系之人；二者都与自己有着密切关系。当他们陷入穷困之时，我们又如何能袖手旁观？自是应当伸出自己的双手，尽到自己的一分心意。尤其是，任何人都有可能陷入困苦之中，今日可以帮助他人，他日亦有可能需要别人的帮助。毛泽东主席曾说："人是要有帮助的。荷花虽好，也要绿叶扶持。一个篱笆打三个桩，一个好汉要有三个帮。"无论荷花、篱笆，还是好汉、普通人，都需要他人的帮助、扶持。亲邻间的互助让人我之间充满更多的温情，亦有助于居家生活的和谐。

此外，传统儒家注重仁爱亲邻，无论其是否陷入穷困之中，皆应如此。传统儒家的仁爱思想，视仁爱为人与万物的本质区别，并提出仁爱之序的三个阶段，第一阶段是仁爱家人（或亲人），第二阶段是仁爱人民，第三阶段是仁爱万物。传统儒家并不是强调三个阶段的前后相继，而只是提出一种践行仁爱的可行方案。家人，是自己最亲近的人。唯有先亲爱家人，才有可能将此仁爱发挥出来，亲近人民与万物。其实，亲爱家人、他人与万物，总会令

51

人真切地感受到发自内心的愉悦与开心，做事情时更加轻松、有干劲。"予人玫瑰，手有余香"讲得也是这个道理！这大概就是帮助他人的最好回报了。

（二）施惠无念

朱用纯《朱子家训》强调"施惠无念"，施予他人恩惠，不能记挂在心中，不应索求回报。乐于帮助他人，是听从自己内心的声音，在做自己觉得应该做的事情。做完之后，不能惦记回报，更不能觉得他人是欠着自己的，进而要求还"人情债"。否则，本来很开心的助人行为可能就会变成彼此都不舒服的事情。究其原因，儒家通常认为，善是人之本性，为善乃天性使然，不受外在的利益的驱使。或者说，在帮人之初，就应该告诉自己，不是为了回报，只是因为想要、应该而帮助。

朱用纯《朱子家训》亦强调"善欲人见，不是真善；恶恐人知，便是大恶"。做了好事希望别人看见、知道，不是真善；做了坏事还怕人知道，则是大恶。真正的善者常是发自内心地、纯粹地想要帮助他人，并不是有所图谋，亦常是默默地付出。由此来看，中国传统文化主张更加纯粹，不带任何功利目的善，与某些西方慈善家为了获得减税的回报的观念是不同的。如被奉为榜样的雷锋做善事从来都不留名，默默无闻地向他人提供帮助，更没有想过得到回报。有一次雷锋外出，在沈阳站换车的时候，一出检票口，发现一群人围着一个背着小孩的中年妇女。原来这位妇女从山东去吉林看丈夫却把车票和钱丢了。雷锋用自己的津贴费买了一张去吉林的火车票塞到大嫂手里，大嫂询问其名，雷锋回答，"我叫解放军，就住在中国"。

（三）戒刻薄持家

朱用纯《朱子家训》劝诫"刻薄成家，理无久享"，通过刻薄小气来发家，原则上是很难长久的。刻薄，自古至今皆是贬义词，意指待人处事冷酷挑剔、无情小气，甚至嫉妒贪婪。节俭与刻薄是不同的，前者褒义，是一类品质；后者贬义，是一类性格。尤其是，过度节俭并贪图他人所有便是一种刻薄。总之，治家应当节俭，但应远离刻薄。作为中国最早的家训专著，《颜氏家训》亦记载，"梁孝元世，有中书舍人，治家失度，而过于严刻，妻妾遂共货刺客，伺醉而杀之"，梁朝孝元帝时一位中书舍人待家人过于严厉苛刻，妻妾则合谋买通刺客，乘其醉酒时杀了他。此处亦是告诫后人不能尖酸刻薄地治家。相反，若能胸怀家人，设身处地为家人着想，则家人亦会想你所想，形成友爱和谐的家庭氛围，有助于家庭的和谐幸福。

朱用纯《朱子家训》还说，"与肩挑贸易，毋占便宜"，和小商贩做生意的时候，不要贪占他们的便宜。肩挑，指那些肩挑货物四处贩卖的小商贩，今天亦能看到从事此行业的人员。他们辛苦地挑担着细碎货物，可能是锅碗瓢盆，可能衣服被褥，亦有可能修补家电。这是一种谋生手段，这些人起早贪黑、走南闯北，挣一些辛苦的血汗钱。我们不能斤斤计较且贪占这些人的小便宜，尤其是，他们的物品与技能基本上是日常居家所需，我们应该感恩他们的付出而不是锱铢必较乃至浑水摸鱼地偷占小便宜。其实，不仅只对小商贩，与他人交往时也不应贪占便宜。贪便宜的行为是"为我"的，而结交他人则需要"向他"的，二者的行为方向是不同的。若要结交朋友，则应该打开心扉走向他人，而不能一味地为我。

三、尚感怀恩德，戒自以为是

感恩，就是感怀恩德、感激恩情。个人于生活中总会遇到窘困、失意的时候，他人的"及时雨"和"雪中炭"会帮助自己解除燃眉之急并度过难关，这份恩情是弥足珍贵的。所以我们应铭记于心，懂得感激他人给予的帮助与支持。中国有句古话，"滴水之恩，当涌泉相报。"即使再小的恩情，也应当大力回报。懂得感恩的人，才能真正地认清楚自己的不足；才能虚心地接受他人的批评、建议与指正；才能肩负起应有的责任与担当。相反，忘记他人恩情的人常常是寡情之人，自以为是地将功劳归于自己，并菲薄他人帮助的目的性，是非常狂妄自私的。

（一）受恩莫忘

朱用纯《朱子家训》告诫我们"受恩莫忘"，即应当铭记所受的恩情，胸怀感恩之心。首先，应当感谢父母，不仅感谢他们给予自己生命，更要感谢他们给予自己无私的爱。在所有宗教中，最高神与众人的爱不约而同地都是用父母对子女的爱来比拟的，足见父母之爱的伟大。从咿呀学语、蹒跚学步到学知明理、长大成人，一路都有父母相随、相伴。《诗经》中有很多感谢父母的诗句，辞藻优美，情感细腻。《诗经·小雅·蓼莪》中写道："父兮生我，母兮鞠我，拊我，畜我，长我，育我，顾我，复我，出入腹我，欲报之德，昊天罔极。"父母生育我、抚养我、眷顾我、培养我，这种恩德是一种发自内心的、无私的付出，这种深沉的爱是子女所不能回报的。估计只有当子女自己为人父母之后，才能真正地体会到父母之爱的伟大。子女应铭记感怀父母无私的付出，感怀父母之爱的伟大。

55

关键的是，应该胸怀一颗感恩的心，能够感怀他人的付出。被尊为"帝王哲学家"的马可·奥勒留，在其代表作《沉思录》开篇直抒胸臆地表达了对曾祖父、祖父、父亲、母亲、兄弟、老师、贤者等人的感谢，牢记着正是他们的帮助与陪伴才有了不断成长的自己。我们的身边亦有一大批陪伴我们成长的人，应像马可·奥勒留一样感恩他们的存在。既感谢那些帮助过自己的人，是他们让自己看到了阳光，感受到了温暖；也感谢那些曾伤害过自己的人，是他们让自己懂得了坚强，变得坚韧。因为感恩，我们发现这个世界充满真善美，整个生命亦是充满希望的。充满感恩的人生必将是富含人情味且缤彩纷呈的。

（二）忌乖僻自是

朱用纯《朱子家训》指出："乖僻自是，悔误必多。"乖僻，是指性情乖张偏执；自是，是指总认为自己才是对的，听不进他人的意见。性格偏执、自以为是的人常常会做出很多令自己懊悔的事情。此段格言重在告诫后世不要乖张偏执、自以为是，应该听听他人的意见与想法，尽可能规避可能的错误与遗憾。毛主席曾在《新民主主义论》中说到："科学的态度是'实事求是'，'自以为是'和'好为人师'那样狂妄的态度是决不能解决问题的。"自以为是、好为人师皆是狂妄之举，与科学的态度相悖，并不能解决问题；唯有实事求是才是科学的态度，亦能解决问题。

有这样一个故事，曾经有个小国派使臣到中国来，进贡了三个一模一样的小金人，同时出了一道题："这三个金人哪个最有价值？"皇帝想了许多的办法，请来珠宝匠检查，可不管是称重量，还是看做工，发现都是一模一样的。最后，一位老臣说他有办法，老臣拿着三根稻草，依次插入三个金碧辉煌的小金人的耳朵，第一根小金人的稻草从另一边耳朵出来了；第二个金人的稻草从嘴巴里直接掉出来；而第三个金人的稻草则掉进肚子里。老臣告诉使臣说：第三个金人最有价值！使者默默无语，答案正确。这个故事告诉我们学会用耳朵倾听，把知识装进肚子。只有倾听，才让我们懂得他人的需要；只有倾听，才让自己可以更好地付出。在倾听过程中，我们尊重了他人，获得了信息，更是自我良好修养的表现。只有通过倾听，我们才能做出更多的、更好的、更正确的判断与选择，才不会有日后的后悔。

四、尚不愎不求，戒幸灾乐祸

朱用纯《朱子家训》言道"人有喜庆，不可生妒忌心；人有祸患，不可生喜庆心"。当他人有值得喜庆的事情的时候，不要生有嫉妒之心；当他人有了祸患，也不能幸灾乐祸。即崇尚不忮不求，远离幸灾乐祸。所谓不忮不求，就是不妒忌、不贪求；所谓幸灾乐祸，则是对他人的灾祸感到高兴。先秦《韩非子》中亦有类似表述，"仁者，谓其中心欣然爱人也。其喜人之有福而恶人之有祸也"。真正的仁者就是能够发自内心地去爱人，会为他人有福的事情感到开心而不是妒忌，也为他人的祸患感到难过而不是幸灾乐祸。反观现实，人与人相处，总是会相互比较，进而也就容易产生两种心理：他人有的，我也应该有；他人没有的，我漠不关心。但若能合理引导这些内心想法，自己将会拥有更多的知心朋友。我们应该心中有他人，不只装着自己，不要自私地认为自己应该拥有所有的东西，包括自己有的和他人有的。对他人的际遇与遭遇应该秉持一颗关心的态度。他人有成功，报以祝贺；他人失利，给以安慰。

（一）不可生妒忌心

朱用纯《朱子家训》告诫："人有喜庆，不可生妒忌心。"当他人有值得庆祝的事情时，自己不可产生嫉妒之心，应该由衷地祝贺与赞美。妒忌，也就是嫉妒，亦是俗话说的"眼红"，就是看到他人的成功，而内心会产生不平衡心理。尤其那些曾经与自己在家庭、工作、学历、身份等多方面都差不多的人，现在却有了不一样的境遇乃至更大的成功，不平衡的心理会更加强烈。每个人都会产生这种不平衡心理，很多人懂得调试心理，既看到他人的成功，亦看到他人的努力，学会笑对并祝福他人的成功。但也有很多人因一时的嫉妒而迷失双眼，采用极端手段伤害他人或者伤害自己，造成彼此终生的遗憾。这也就是《朱子家训》中必须强调"不可生妒忌心"的关键所在。罗贯中《三国演义》中曾记载东吴周瑜临死前曾高呼"既生瑜，何生亮"的悲叹，亦记述了周瑜因嫉妒诸葛亮的才能与谋略高于自己而一次次地陷害后者，却落得英年早逝的悲惨结局。由此可见，妒忌是损人又不利己的。

朱熹的《朱子家训》亦谈及"勿损人而利己，勿妒贤而嫉能"，即是说不要借助损人来利己，况且结果并不一定必然利己；不要嫉妒贤能之人，因为其身上总有值得自己学习的地方。其实，他人有令自己嫉妒的地方，恰恰是因为对方确实有做得很好的地方，而这恰恰应该是自己主动学习的地方。另外，每个人都应该学会拥有一双发现美的眼睛，当代人不乏发现自然美的眼睛，但总失于察觉精神美的眼睛。拥有一双发现精神美的眼睛，就能欣赏对方的坚韧与聪慧，而不是停留于行动结果与财富占有。在家庭生活中，嫉妒心亦是要不得的，它容易损害亲情、伤害和气，令亲人之间反目而给家庭带来各种隐患，不利于家庭的和谐、稳定与持久。

（二）不可生喜庆心

朱用纯《朱子家训》中还说："人有祸患，不可生喜庆心。"当他人遭遇灾祸、困苦、挫折的时候，不应该自己偷着乐，在旁边幸灾乐祸。他人遭遇灾难的时候，恰恰是心理最脆弱的时候，也是最希望获得帮助的时候。作为其身边的人，自然是应该率先送上安慰，帮助其排解心中的苦闷、烦劳。若不能帮上忙，陪他聊聊天，或者只坐在他身边，你的这份关心他也会感受到的。此外，每个人一生都会遇到或大或小的不顺、身处人生低谷的时候，我们所希望得到的就是他人的问候与关心，而不是幸灾乐祸、伤口撒盐、落井下石。将心比心，多一份关心，少一分私心，既渡人又渡己。

春秋时，晋国发生灾荒，向秦国请求买粮。大臣百里奚赞同卖粮，秦国向晋国支援了大批粮食，帮助晋国渡过了灾荒。第二年冬天，秦国发生灾荒，派人到晋国求购粮食，晋国幸灾乐祸，拒绝帮忙，晋大夫庆郑劝谏："背施无亲，幸灾不仁，贪爱不祥，怒邻不义。"遗忘他人恩惠就是无亲，对别国的灾害幸灾乐祸就是不仁，贪图所爱惜的东西就是不祥，惹怒邻国就是不义。后来，晋国被韩、赵、魏三家瓜分，最终走向灭亡。

小专题 3

《诫子书》
——诸葛亮

夫君子之行，静以修身，俭以养德，非淡（澹）泊无以明志，非宁静无以致远。夫学须静也，才须学也，非学无以广才，非志无以成学。淫慢则不能励精，险躁则不能治性。年与时驰，意与日去，遂成枯落，多不接世，悲守穷庐，将复何及！

点评："诫子书"之书名是后人所加，全文共八十六字，作于作者五十四岁，是写给其仅有八岁的儿子诸葛瞻的。诸葛亮，字孔明，号卧龙，三国时期著名的政治家、军事家，以鞠躬尽瘁、才思渊博、神机妙算著称于世。在《诫子书》中，诸葛亮将平生经历、个人才华、深厚父爱浓缩成这八十六字，希冀儿子可以珍惜时间、静学广才、修身养性、励精治性，进而成人、成才。

第四章

言行篇

言行，即语言和行为，是指人表现于外的、可视的、可规范的身体举止和可被理解的话语。家庭言行，则是个人在家庭生活中逐渐养成的言语方式、行为习惯。中国人常说："三岁看大，七岁看老。"个人总是在模仿父母言行的同时，慢慢养成自己的言行风格与性格特点，并贯穿自己的一生。作为习得的技能，言行规范成为家庭规范的重要内容，安能引导积极健康的言语行为，并规避不良的言行习惯。朱用纯《朱子家训》利用有限的篇幅探讨了家庭言行，规范了言语争讼、正身交友、家庭习惯等方面的言行举止，进而将这些言行习惯推移到社会、国家领域，以助独善其身、兼济天下。

一、戒多言，戒争讼

朱用纯《朱子家训》劝诫，"居家戒争讼，讼则终凶；处世戒多言，言多必失""轻听发言，安知非人之谮诉，当忍耐三思；因事相争，焉知非我之不是，须平心暗想"。意思是，居家应远离争斗诉讼，讼则终凶；处世规避多言，言多必失；对他人言论应该多番思考；对争斗之事则反思己错。言论常和争斗、诉讼、祸患密切相联，这就是古人常说的"祸从口出"。若要规避祸乱，则只能管好自己的嘴巴。坚持的原则是于自己则少言，于他人则多听。此外，争讼时，你我皆用语言维护各自的利益，你我的关系则成为敌对的利益关系，亲父子亦有可能对簿公堂，这显然是违背人伦亲情的。孔子就不赞同这种做法，其认同"父为子隐，子为父隐"的做法，期望的是维护天然的亲情和你我间的温情。唯有如此，你我才会走近彼此，才能缔造和谐的生活环境。

（一）戒多言

朱用纯《朱子家训》中提出"处世戒多言，言多必失"。就为人处世不宜多言，言多必失。言多之人常常听不进他人的言说以及意见，易留下刚愎自用的印象；也常不能做到言行一致，难以将言论落实到行动实践中，易留下一个夸夸其谈的印象。这些或许并不是本意，但的确会给自己生活带来一些麻烦与损失。言语能力常与个人智力相关，亦成为智力的代名词。多言就意味着智力上巧劲十足。但传统儒家并不赞成此种智力，认为"巧言令色，鲜有仁""刚毅木讷，近乎仁"，意思是，太会说话的人是很少有仁德的；而木讷口拙之人则接近仁德。多言之人注

65

重的是智巧而不是德行，心思被占用且不单纯，很少能够有仁德。

而在当代社会，随着计算机网络的不断普及与更新，每个人的言说平台、言说机会、言说听众越来越多。借助网络虚拟空间这个平台，有些人肆意地宣泄各种情绪乃至有意地宣扬某种言论，由于缺乏相关规范的引导与监督，产生了大量的不堪言论与虚假信息，常常给他人带来巨大的恐慌与担忧。与此网络现象相应，"网络暴力"以及"反对网络暴力"字眼近几年时常出现，还网络空间以蓝天、还网络言论以规范的呼吁与言论亦日渐高涨，皆希望缔造一个阳光的、和谐的网络言论环境。

（二）戒争讼

朱用纯《朱子家训》规劝道，"居家戒争讼，讼则终凶。"居家过日子，应避免争斗诉讼，官司无论输赢，都会带来不吉祥的结果。若诉诸于诉讼，家庭成员必定会撕破脸，破坏家庭和气，不利于家庭安定与和谐，就更谈不上兴旺家丁、积累家财、振兴家业了。有学者考证，明清时期亲属间的争讼案在民众争讼案中占有较大比例。这些争讼案的起因常常为是非口角、农田灌溉、争产吞产、房屋地基、赡养老人等日常琐事，本来可大可小，但闹上法庭后则导致亲戚间撕破脸，日后也很难再做亲戚，更不再相互走动了。

《韩非子》中记载有"三虱争讼"的寓言故事。有三只虱子都在一头猪身上吸血，但却为争猪身上肉肥血多而争吵起来，这时有另一只虱子经过它们身边，问清缘由，讲到："难道你们不怕腊祭之日烧茅草杀猪祭祖，连你们一起烧死吗？你们又何必在这上面计较呢？"三只虱子听后醒悟过来，拼命吮吸猪身上的血。猪因此而变瘦了，到了腊祭时，主人就没有杀这只瘦猪。如果没有那只虱子的提醒，估计这三只虱子就会在争吵、诉讼中随猪一起祭祖了。争斗中，人人孜孜以求的是个人的利益，为利益而不顾人伦亲情并破坏家庭和气，为日后留下隐患。

（三）戒轻听

朱用纯《朱子家训》告诫，"轻听发言，安知非人之谮诉，当忍耐三思"，轻易听信他人的言论，怎知不是他人有意的污蔑？应当忍耐多思。中国传统家庭模式是累世同居的大家族，其最基本的特点是合爨、同居、共财。于大家族中生活，人与人之间易在物质利益、是非口角上产生分歧与纠纷。每个人皆以自身立场与利益出发，虽各具有一定的合理性，但所有的有道理碰在一起的时候，就变成了大家都不讲理、都看不惯对方。这个时候，家族长老，作为家族的最高管理者，就不能只偏听某一个人、某一种言论，端平自己的碗，才能服众。

现代社会信息科技非常发达，被冠为知识大爆炸的时代。任何一条消息，被创造出来，就以无法想象的速度传播着、影响着。我们的周围总是被各种各样的广告、传单、新闻、微信、朋友圈等大量信息包围着，似乎我们由此知道了更多的知识。但是，与此同时，我是否具有相应的甄别真假知识的能力呢？这还真需要多看看专业知识、听听真正专家的指导与建议。前几年出现很多"养生大师"，伪造学历与资质，一时成为专家，有的声称每天一斤绿豆煮水喝能治近视、糖尿病、高血压，还能治肿瘤，受到很多人追捧与欢迎。后来，卫生部和其他专家出来批驳，提出这种"养生"理念不靠谱。看来，我们绝对不能被广告忽悠，在做出自己的选择之前，一定要明确自己的目标与想法，不要在别人言语影响下轻易改变。

（四）戒嗔怒

朱用纯《朱子家训》谈到，"因事相争，焉知非我之不是，须平心暗想。"与他人为一些事情相互争斗，其实并不能确定不是自己的过错，此时不应口出恶言而应该静心细想，也许会发现的确是因为自己的过错而导致这场争斗。孔子曾说："吾日三省吾身。"孔子这样的大圣人每天都要多次反省自己，以防做错事情，我们每天更应该如此。写日记，就是一个很好的自我反省的机会与习惯。白天发生了很多事情，可能还来不及反省，晚上秉烛夜下，用自己手中的笔再现一遍白天的事情，在这一遍过程中，自己就可以以一个他者的角度审视一下自己，哪些是对的，哪些是不对的。对的地方，表扬一下自己；不对的地方，当然要立即写下补救的方式以及应该吸取的教训。《都是天使惹的祸》是2000年热播的一部电视剧，林小如与邵建波初次见面时就给彼此留下不好印象，两人都买了同一品牌的矿泉水，且都坐在急症室外面，林小如看到桌子上有瓶矿泉水，就立马断定是自己的并拼命地夺过来抢着喝，后来打开包后才发现自己的水一直都在包里。

嗔怒，就是恼怒、发火、生气，是一种人人都会有的心理情绪，更是随时可能激起千浪的非理性冲动。既然人人都会有，为什么有些人可以很好地克制，而有些人则在生气之下酿成不能挽回的悲剧呢？因为可以克制的人能够认识到一个巴掌是拍不响的，自己也有一定责任或者可能就是自己的原因，进而能心平气和下来，不胡乱生气。情侣在一起常会发生磕磕碰碰的事情，聪明的女生常常不会因为男友没有发短信、打电话这类事情生气，因为自己可以主动一些，打个电话过去。还有一部分人首先不是反省自己的过错，而是自己的得失。在这种思想的引导下，个人在一种非理性的状态下生气、恼怒，进而常常采取很多偏激的、主观的、武力的手段解决这些事情，酿了很多人间悲剧。1937年，普希金因妻子与丹特士有染非常生气，便决定与情敌决斗，最后断送了自己年仅38岁的生命，在世界范围引起一片哗然和惋惜。

二、讲卫生，重安全

朱用纯《朱子家训》开篇即说："黎明即起，洒扫庭除，要内外整洁；既昏便息，关锁门户，必亲自检点。"这句话脍炙人口，历来流传非常广泛。黎明，是指天要亮还没有亮的时候，大概也就是早上六点左右或者还更早一点，这个时候就起床，之后打扫庭院和台阶，让家里、家外都保持整洁。既昏，天刚黑的时候，把门窗都关好并亲自检查，然后上床休息。在家庭生活中，一个人应该注意作息规律、整理内务、注重安全等方面的事情。这些都是维持基本家庭生活所必须的，只有做到了，才能防患于未然，维护家庭的稳定与秩序。

家，是心灵港湾，是避风港，是每个人欢笑与共、荣辱与共、成人立业的地方。这里见证着我们的成长、欢声、哭泣，始终为我们敞开无私的大门，让我们在无助的、悲伤的日子找到一个加油站，为自己明天加加油、打打气；还让我们在幸福、开心的日子里找到一个演讲台，与亲朋好友共同分享自己的幸福。家庭的美好，需要家庭成员共同打理与呵护。养成良好的作息习惯，保持家庭环境的整洁、干净，让自己每天睁开眼都能由衷地感受生活的有序、美好、感受到家庭的幸福。

（一）作息规律

朱用纯《朱子家训》主张"黎明即起，既昏便息"，天刚亮就起，天刚黑就歇息，劳作、休息的时间非常有规律。我们现在说"早睡早起"，常常只成为一种激励，流于一张"空头支票"。在古代，日光就是主要的照明工具。天开始亮，就会有公鸡报晓。古人觉得这就是老天爷在叫大家起床了，起床之后该做饭做饭、该洒扫洒扫、该种地种地，有什么事情就做什么事情。傍晚，天慢慢黑下来后，人在劳作一天后需要好好休息以恢复体力，保证第二天的劳作。此外，天黑下来，若不休息的话就需要点灯。古代社会是用油灯、蜡烛、火把来照明的，这些都是需要用钱买的。普通人家都很节俭，能够少用的就应该尽量少用，节约一笔不必要的家庭开支。因此，在太阳落山之后，四处黑灯瞎火的，最好的选择就是睡觉了。

而现在，不仅有电灯，让整个夜晚都可以灯火通明、灿如日月；有各种各样的娱乐工具，如电脑、电视；还有各种娱乐活动及场所，让我们乐不思时、乐不思睡、乐不思疲。其实这种生活方式本无可厚非，因为社会环境以及生活条件发生了巨大的变化，但也有很多人通宵达旦地沉迷玩乐或者日以继日地熬夜，这就不得不令人担忧了。万事都应该把握好度，尤其应该形成一个良好的作息习惯与生物钟，学会呵护自己的身体。我们都会说，"身体是革命的本钱"。如果没有了好的身体，我们又将如何革命呢？

现代人都觉得自己的压力很大，白天有工作、学习的压力，晚上还有情感、家庭的压力。但这些压力在一定程度上是个人于理性思考后强加给自己的，我们应该学会劳逸结合，让自己绷紧的神经适当地放松一下，给自己放个小假，让自己过于紧张的身体舒缓下来，修整好后继续投入工作。晚上就是很好的修整时间，充足的睡眠就是身体的营养品。一个充足的睡眠，不仅可以卸下一天的疲惫，还让身体及时休养调整，让自己以更好的精神状态迎接第二天，何乐而不为呢？

（二）讲卫生

朱用纯《朱子家训》提出，"黎明即起，洒扫庭除，要内外整洁。"早上起来，就要将庭院内外打扫干净。朱用纯本人也是如此做的，早上起来之后就将庭院内外打扫干净，拜祭先祖，之后诵读《孝经》，风雨无阻。古人常说："一日之计在于晨"或"一日之计在于寅（凌晨三至五点）。"早晨，人的精力非常充沛，思维敏捷、头脑清晰、心情舒畅，这个时候可以合理地规划一天要做的事情、行程。早上醒来后，可以不用立即起床，可以眯着眼睛好好地回忆一下昨天没有做完的事情，规划一下今天要做的事情，大致十分钟，差不多清醒过来就果断起床。

卫生习惯，是一个不断发展、不断完善的生活习惯。保持家庭环境的整洁、干净，家庭成员在家庭才会更加舒心，才会更依恋家。将各种家庭物品清洗干净，并整理分类，各类东西都有属于自己的位置，即使再零碎的东西也都给予整理，需要用的时候总是可以快速定位并找到，用完之后再放回原位，长此以往，家庭会变得井井有条。进入家庭就会觉得非常清爽。一个家庭可能没有考究的装修、昂贵的家具，但是干净整洁、井井有条的家居环境总让人觉得这个家庭很幸福。在《致我们终将逝去的青春》这部电影中，男、女主角第一次见面是在男主角的宿舍，脏袜子、脏衣服、吃剩的食物、装水的盆子……那场景脏乱得足以让人对大学男生寝室失望、恶心透顶。其实，细想一下，我们平时的生活有时的确有些邋遢，总是用各种繁忙、疲惫的理由推脱掉基本的内务整理，甚至"高智低能"的报道时见报端。记得刚上幼儿园的时候，老师会给讲卫生的小朋友发小红花。现在长大了，发现不仅仅是小朋友，我们每个人都应该讲卫生，即使没有小红花，也应该掌握这些基本的生活技能。

随着出国旅游的大潮一浪高过一浪，越来越多中国人的身影出现在国外的大街小巷。一方面说明中国的生活水平显著提高，通过旅游开眼看世界，享受生活的美好，这是好事情；但另一个方面，中国游客给外国人留下的印象却是随地吐痰、大声讲话、随便拍照、不讲卫生、从不排队、爱贪小便宜、不懂礼貌、着装不得体……这些不文明的旅游行为成为中国游客的一大标签。其实，到了别的国家，我们应该遵守当地的卫生习惯、生活习惯，入乡随俗，展现出中国人应有的得体、大气与文明。

（三）重安全

朱用纯《朱子家训》告诫："既昏便息，关锁门户，必亲自检点。"睡觉之前应检查门窗是否已经关好，只有亲自确认好后，再去睡觉。居家生活应该树立一定的防盗意识。丢过东西的人就知道，丢失的东西再小，也会给生活带来很多的麻烦。既然不愿意这样不好的事情发生，那就只能平时在小事情上做好，防患于未然。常有新闻报道，某高校宿舍又丢失几台笔记本。而这些盗窃者行窃的时候，宿舍门常常是虚开着的，给了盗窃者以可乘之机。学校宿舍环境虽然单纯、安全，但是基本的安全意识还是应该树立起来，尤其进入社会后，环境更复杂，人也更复杂，树立安全意识则益发重要。

现在，各类家电、家具充满了家庭，相应地，可能的家庭安全隐患也在不断地增多、升级。很多家电产品都有说明书，除了出现问题时大家会拿出来读读，平时就不会认真看，也不会注意可能的安全隐患。以前，家里都是烧柴火来做饭取暖，后来使用煤炉，接着是煤气灶、天然气灶。如果厨房着火，以前可以用水就将火扑灭；现在如果煤气泄漏再接触明火，就会带来非常严重的后果。这样的安全事故也的确发生过。为了预防这些事故的发生，应该买正规品牌的正规产品，并请专业人士帮忙安装；在首次使用之前，应认真看一遍使用说明书，并注意可能遇到的问题；在后期使用过程中应该不定期检查，排除问题，杜绝安全隐患。

三、倡有备，乐知足

朱用纯《朱子家训》肯定有备、有度、知足的生活态度。有备，就是提前有所准备而不是临时发挥，故而提出"宜未雨而绸缪，毋临渴而掘井"格言，《中庸》中亦有"凡事豫则立，不豫则废"的说法，预先做好准备则易成功，否则就会失败。有度，就是有尺度、有标准，过或者不及皆不是有度；知足，就是在有度的前提下，个人的心理状态是愉悦并满足的。文中多次强调，"勿饮过量之酒""宴客切勿流连""得意不宜再往"等，不应过度地宴饮，于适度的位置学会适当地满足。

（一）倡有备

朱用纯《朱子家训》提出："宜未雨而绸缪，毋临渴而掘井。""绸缪"，紧密缠缚，在下雨之前，剥下桑树皮，并用这些剥好的桑树皮紧密缠缚窗户，修补好窗户、房子。这样下雨的时候，家里就不会又进风又漏雨水。不要等到口渴的时候再去挖井，为时已晚，也不是生活的基本的态度。住房、喝水是家庭生活的必需品，这些必需品的获取需要自己提前做好准备，才能在用的时候不会慌乱、不知所措。其实，生活中的所有事情，都需要提前做好准备，才能收到理想的效果。而不是事到临头再去做事，这样只会慌慌张张、达不到目的。

有备，就是提前做好准备。诸多的哲人、成功者都用自己的经历告诉后来人，要想成功，就应该提前做好准备。这个准备一般很难有一个量化的标准，具体怎么做，作为当事人应该首先明确自己的目标是什么，其次针对这个目标和现实的差距确定计划，并按照这个计划来追求目标。在追求的过程中，无论遇到再多的困难与挫折，都不应该中途放弃，应该坚持下来，最后总会收获一个令自己满意的结果。《尚书》曰："惟事事，乃其有备，有备无患。"所有的事情，正是因为有准备，才可以防患于未然。近几年在汶川地震、玉树地震等一系列地震的冲击下，政府不断完善地震预警机制，很多地区的中小学都在进行地震演习。模拟地震发生时，师生如何快速、有效地逃生，尽量减少地震发生时的人员伤亡。

机会是留给有准备的人的。没有人可以提前算出机会什么时候到、以什么形式到，人们可以做的就是做好可以做好的，这就是一种准备。现在，有很多人都说，大学生毕业就等于失业。这虽不一定完全符合事实，但某种程度上也敲响一个警钟，高校学生应该在大学期间做好自己的职业规划，提前做好求职准备。并针对自己的求职方向，提前在寒假、暑假的空档时间内找相关部门实习，完善这个求职方向应具备的能力，才能在毕业的时候从容地、坦然地寻找一份称心如意的工作。

（二）倡有度

朱用纯《朱子家训》多次重申有度的重要性，"勿贪意外之财，勿饮过量之酒""凡事当留余地，得意不宜再往""宴客切勿流连""处世戒多言"……这些格言皆告诫后人应把握好分寸，避免过分、过量、过度、过激的事情，而超过一定标准的事情都会给自己带来一定的麻烦。无论烟、酒、言，还是财、宴会，都不应该过度沉迷，虽可以给身体带来一时的享受、快感，但这些只是过眼烟云，消失之后，个人又该如何找回曾经的自己呢？为人处世也应该把握好度，如节约应该有度，不然就是刻薄；乐于助人应该有度，不然就变成轻听、轻信；慈爱应该有度，不然就成为溺爱……掌握好这些度的原则每个人心中不仅有自己，还应该有他人；眼中所看不仅是当下，还应该有未来。若能做到这些，基本上也就能掌握这些度了。

度，本为计量长短的标准、尺码。马克思主义哲学原理中有坚持适度原则，由于在一定的范围和限度之内，事物才能保持其原有的性质，超过这个范围与限度，事物就会发生质变。若要维持事物原有的性质，就应该注意分寸，掌握火候，坚持适度的原则。居家生活需要的是稳定，经不起大风大浪。因此，居家生活一定要坚持适度原则，正如那则广告所说，"劲酒虽好，可不要贪杯哦！"只有掌握这个度，自己也才能真正体味酒的美味。

（三）乐知足

中国人常说，"知足常乐。"懂得知足的人，就能保持内心的快乐。该部家训作品亦提到，"凡事当留余地，得意不宜再往。"意思是，做任何事情应当留有余地，得意之后应该满足，不再进一步追求。但丁说，生活并不缺少美，缺少的是发现美的眼睛。能知足的人常常是那些具有发现美的眼睛的人。生活，的确有很多无奈、不如意。但也正是这样的生活，让我们体味到爱情、亲情、友情的甜蜜与温暖，领略到祖国山川河流的巧夺天工，陶冶到历代文人墨客的潇洒情怀……这些都是生活赐予我们的。即使只是一株小草，也有它的绿色、它的生命、它的骄傲，也足以让游客叹为观止、植物学家反复研究。可能自己不完美，那就先认识清楚自己身上美好的地方，对于这些美好之处就是我们可知足的地方；对于不好的地方，那就积极地、乐观地正视它们并解决它们。

四、正其身，慎其独

朱柏庐为人、求学注重毋自欺，强调不能自欺欺人，既不能哄骗自己，也不能欺瞒他人。应该真诚地、实在地面对自己的内心，落实到自己的行动中。唯有如此，才有坦坦荡荡，也才有自我品质的不断提升、言行的相一致。"正身"要求个人应该调整心态，做好自己应该做好的事情；"慎独"则是强调虽独处仍能贯彻践行圣贤道德。

（一）正其身

中国人非常注重正己修身，正如字正腔圆的汉字，横是横，竖是竖，该撇就撇，该捺就捺，适当弯曲就弯曲。做到像汉字一样的人就是相信身正不怕影子斜。只要自己做好自己，端正好自己，就不怕有坏事情找自己。即使有坏事情，自己也有十足的理由与勇气去力争、去辩解。有一个民间故事，一个老汉有两个儿子，分别成家。大儿子和大儿媳非常爱干净，自己的房间整理得有条有理；小儿子和小儿媳则比较偷懒，走到哪儿乱到哪儿。一天晚上小偷降临，看到大儿子房间，一眼望去都只是生活用品，没有值钱的东西；到小儿子房间则比较凌乱，就认为藏有宝贝，就把能偷的东西都偷走了。

正如前面所讲，一个人一辈子能够做好的事情只能是自己的事情，勤动双手，生活节俭，乐于助人，不轻听轻信，做好自己应该做好的事情、可以做好的事情。一定要区分清楚自己的事情与他人的事情，很多人正是由于没有想过这个问题，更没有正视过这个问题，自己看到的很多事情都要管，并且把自己的想法与意志强加给其他人。这是非常不理智的。每个人都有自己的想法与习惯，更有自己的私人空间。应该学会尊重彼此，给彼此留下各自的空间。现在很多父母就做了非常多的事情，为子女考虑得面面俱到，最后自己辛苦一辈子，觉得功德圆满，但是子女并不领情。父母在教育子女时应该适当放放手，让子女自己搏一搏，感受一下生活的辛苦，不吃苦又怎么能够知道苦滋味呢？父母自己也应该适当地享受一下生活，让自己暂时远离家庭杂物和生活烦劳，出去散散步、旅旅游，感受一下不同的生活。

朱用纯《朱子家训》认为："居身务期质朴。"居家 81

生活，一定要简单、朴素、质朴。一家人能够聚在一起，热热闹闹地吃一餐饭，那就是一种幸福。这种家庭幸福没有额度、没有期限，只要多一点平常心就能够感受到，只要多抽出时间陪陪家人就能做到，只要多想想家庭的温暖就能享受到。一天的生活，早上睁开眼，看到自己的家人；晚上睡觉前，晚安的仍然是自己的家人。这样的平淡且充实的生活怎能不让人满足呢？想一想都是一种幸福！古人常说，"严于律己，宽以待人。"对自己应该严格要求，对待他人应该宽容。对自己的严格要求，就是要摆正自己，找到自己的位置与目标，并认真践行生活的目标。真正的智者常常都是最能包容、理解他人的人，他们知道人非圣贤，对待他人的错误应该报以理解与宽容，不能用已经发生的错误来惩罚自己与他人，而是要面向明天。

（二）慎其独

中国自古一直都有着"慎独"的修养旨趣和伦理思想。《中庸》曰"莫见乎隐，莫显乎微，故君子慎其独也"。即使没有他人在场、即使再细小的事情，慎独的人都会依然如常地、如故地把该做的事情做好。此外，慎独需要修行者的真实、纯真、直白。《大学》中说，"所谓诚其意者，毋自欺也。如恶恶臭，如好好色，此之谓自谦。故君子必慎其独也。"意思是，使自己的意念诚恳，不自己欺骗自己。就如同对恶臭会很讨厌，对漂亮的东西会很喜欢，故而可以心安理得。君子一定要在独处的时候保持谨慎的态度。因此，慎独，不仅要独处者的精神与坚持，更需要一颗真实的、明净的、无杂质的内心。

朱用纯平生要求自己毋自欺，做一个实实在在的、明明白白的读书人。这其实就是一种慎独，能够严于律己，谨慎地对待自己的所思所行，提防有违道德的欲念和行为发生，恪守道德原则和明白做人底线。慎独的人会端正好自身的一言一行，不会仗势欺人。朱用纯《朱子家训》还说道："毋恃势力而凌逼弱寡" "见贫穷而作骄态者，贱莫甚。"前者告诫后人不要自恃势力而欺凌弱寡；后者则认为看到贫穷的人而故作骄态者是最低贱的。无论自己是否有"后台"，都不应该欺凌他人，更不应该做一些无谓的炫耀。在古代，慎独是对读书人的道德修行的要求，要求能够始终如一地坚守在道德践行上，不断地靠近圣贤。现代，慎独则成为一种行业精神，要求从业者能够严于律己、尽忠职守、尽职尽责。

小专题4

颜之推《颜氏家训》

《颜氏家训》，作者颜之推，北齐著名思想家、教育家、文学家。此家训旨在教育子孙后代修身、居家、处世、为国，践行着"内圣外王"的儒家精神，被奉为"古今家训，以此为祖"的至尊位置。全文共二十篇：序致、教子、兄弟、后娶、治家、风操、慕贤、勉学、文章、名实、涉务、省事、止足、诫兵、养生、归心、书证、音辞、杂艺、终制。《颜氏家训》深受历代统治者、士大夫阶层的喜爱与推崇，历经千余年而不佚，广为征引，反复刊刻，流传至今。现将其中的"教子篇"摘录如下：

上智不教而成，下愚虽教无益，中庸之人，不教不知也。古者圣王，有"胎教"之法，怀子三月，出居别宫，目不邪视，耳不妄听，音声滋味，以礼节之。书之玉版，藏诸金匮。子生咳嘻，师保固明孝仁礼义，导习之矣。凡庶纵不能尔，当及婴稚识人颜色、知人喜怒，便加教诲，使为则为，使止则止，比及数岁，可省笞罚。父母威严而有慈，则子女畏慎而生孝矣。吾见世间无教而有爱，每不能然，饮食运为，恣其所欲，宜诫翻奖，应呵反笑，至有识知，谓法当尔。骄慢已习，方复制之，捶挞至死而无威，忿怒日隆而增怨，逮于成长，终为败德。孔子云：

"少成若天性，习惯如自然。"是也。俗谚曰："教妇初来，教儿婴孩。"诚哉斯语。凡人不能教子女者，亦非欲陷其罪恶，但重於呵怒伤其颜色，不忍楚挞惨其肌肤耳。当以疾病为谕，安得不用汤药针艾救之哉？又宜思勤督训者，可愿苛虐於骨肉乎？诚不得已也！父子之严，不可以狎；骨肉之爱，不可以简。简则慈孝不接，狎则怠慢生焉。人之爱子，罕亦能均，自古及今，此弊多矣。贤俊者自可赏爱，顽鲁者亦当矜怜。有偏宠者，虽欲以厚之，更所以祸之。齐朝有一士大夫，尝谓吾曰："我有一儿，年已十七，颇晓书疏，教其鲜卑语及弹琵琶，稍欲通解，以此伏事公卿，无不宠爱，亦要事也。"吾时俯而不答。异哉，此人之教子也！若由此业自致卿相，亦不愿汝曹为之。

第五章

财务篇

家庭财物，既是一个家庭辛辛苦苦劳作所获取的，又是一个家庭维持基本开支所必须消耗的，总是在一进一出间维持一个家庭基本开销。中国汉字中的"家"，是上下结构，上面是"宀"，下面是"豕"。上面的"宀"就是可覆盖其他东西的屋舍；下面的"豕"是猪，象征着家庭应有的物资。也就是说有屋舍、有家畜，才能算是一个真正的家。传统家庭生活经常提到开门七件事：茶米油盐酱醋茶。这七件事都是和饮食物资相关，一家辛勤劳作、终日奔波，为的就是这几样生活必需品。

掌握一门生活技能对家庭生活的正常运转是非常重要的。在传统农业社会中，大多数老百姓都扎根于自己的"一亩二分田"，勤勤恳恳地劳作，虽不致富足但也可以安家度日、颐养天年。现在我们仍在使用这种生活方式的词汇，如，"日出而作，日落而息""男耕女织""面朝黄土，背朝天"等，展示了中国人历来就有的勤劳、合作、踏实的精神风貌。改革开放以来，随着货币贸易与市场经济的不断深化，现代家庭拥有更多的创收机会与劳动模式，家庭物资不断丰富，生活品质也逐步提高。

朱用纯《朱子家训》对家庭财物的态度则是：有节和有度。有节，表示有节制，不能一味地、无所不用其极地经营、谋取、增加家庭财物。虽然家庭生活需要不断地创收、增加收入，但绝不能做任何违法犯法、烧杀抢劫的事情。有度，表示既不能过度，也不能不及，需要把握好一个分寸。也就是说，在家庭生活中既不能只节约不消费，也不能不节约乱消费。节约、消费应该并行，该节约的地方就不能浪费，该消费的地方就好好享受一下，但不能为了奢侈、攀比、炫耀而消费，这不是一种积极的消费观。

一、开源有节，良心创收

为了保证家庭有足够的生活物资，需要不断地创收、开源。前面提到"勤能致富"，通过自己的双手与辛勤地劳动能够不断创造更多的生活物资。这条流传几千年的古训也引导着当代人的家庭创收与赚钱观念。随着家庭收入不断地增加，人们常常思考一个问题：多少的家庭财富才是必要的呢？无论家境富足，还是家境贫寒，奔波劳碌都只是一日三餐，都会衰老，都会死亡，而家庭财富又是生不带来死不带走的。很多人看不开这些，有人分秒必争、辛勤工作而累坏自己的身体；有人锱铢必较、分毫不让而众叛亲离；还有人不惜背弃信念走上违法、犯法的道路。在我们的周围这样的事情每天都在上演，让人唏嘘不已。

（一）勿营华屋

朱用纯《朱子家训》谈到房屋，提出了"勿营华屋"的观点，反对一门心思地想着营造华丽的住宅。房屋对中国人来说非常重要，"家"字之上的"宀"指屋舍。显然，先备好房屋，后才有成家以及立业。难怪现在岳母娘都强烈要求自己未来的女婿能够有一套房子，这还可以从东、西方对"家"与"屋"的区分中找到一丝根据。东方文化中，"家"并不仅仅是房屋，其更是拳拳亲情；西方文化中，family与house是不同的，前者偏重家人，后者偏重房屋。至于不营造华屋的原因，大致可以界分三个角度：一是古代家庭的创收渠道是非常有限的，大都来源于自家的一亩三分田，吃饭穿衣虽不成问题，可是用于建造华丽的住宅就会令普通家庭吃不消；二是营造华屋易生攀比之心，人人跟风建造，必将浪费太多本来就有限的人力、物力、财力，得不偿失；三是可将有限的家庭物资运用于更多有意义的事情上，如将多余的钱赈济穷苦百姓，这是一大功德。

但立足于当下的新时代、新行情，"勿营华屋"更多地告诉我们一个朴实的真理："屋"的确是家的基础，但家更是"屋"的归宿。一个人拥有再多房子，却没有亲人的陪伴、亲情的呵护，是不能称其为家的。或者，有人为了房屋而舍弃家庭情分，对簿公堂，也让人扼腕叹息。房屋，是身外之物，是可以通过自己勤劳的双手去创造的，但舍弃了亲情，又将如何弥补这份人生的缺憾呢？在个别当代婚嫁中，双方家庭实在不应当为了一套房子而撕破脸甚至棒打鸳鸯。家庭生活中重要的是家庭成员和睦、亲爱以及家庭居所安全、整洁，而不是房屋的豪华、富丽。

（二）勿谋良田

朱用纯《朱子家训》中说"勿谋良田"，告诫不要一心谋夺、买取好的田地。这句话对古代、现代都有着指导和劝诫的意味。良田，就是好的田地，就有好的庄稼与收成，就能够养活更多的人。这对传统农业社会靠土地吃饭的老百姓来说是非常重要的。为了更好地利用四时天象，中国古人还创作了"二十四节气"，到了什么节气，做相应的农事。那为什么"勿谋良田"呢？其实，这是在劝诫众人应将自己的精力、心思用于农事之上。若只顾谋划良田，就用错了心思，也容易坠入邪道。如果对于他人的良田，想尽心思、用尽手段把它弄

91

到手，最终会伤害很多无辜之人！

这对于当下也有很好的指导意义，良田是用来种粮食的，不能用来盖房子、商场、公路等。现在一些地方为了创造业绩，一味地追求GDP、发展经济，侵占农田、停歇农事。为此，国家出台很多法律，积极保护耕田。《中华人民共和国土地管理法》第三十六条：禁止占用耕地建窑、建坟或者擅自在耕地上建房、挖砂、采石、采矿、取土等。第四十四条：建设占用土地，涉及农用地转为建设用地的，应当办理农用地转用审批手续。国家从法律角度保护耕地，让那些非法经商者不能谋夺良田。其实，农村地区也常常可以见到"保护耕地，人人有责"的宣传标语。

（三）莫起贪念

明代洪应明编著的《菜根谭》中说："非分之福，无故之获，非造物之钓饵，即人世之机阱。"意思是说，不是自己福分内的享受，无缘无故获得的财富，如果不是上天故意来诱惑你的钓饵，就必然是人间歹徒设下诈骗你的陷阱。因此，朱用纯《朱子家训》直接告诫后人"莫贪意外之财"。此外，朱用纯《朱子家训》亦提及"毋贪口腹而恣杀牲禽"，即是说不要为了贪求一时口腹之欲而肆意宰杀各种牲口、家禽。2003年"SARS"病毒的肆虐就可能起因于人们乱吃各种野生动物。总之，不起贪念，实实在在做事，才能踏踏实实地做人。

现实生活中，很多不法分子利用这种不劳而获的心理，组织传销，通过洗脑让人相信只要交钱，只要发展会员，就可以赚大钱。前几年非常多的人就是误信朋友、亲人以及幻想一夜暴富，跟着来到陌生地方，结果刚到就被封闭起来，最后只能让家里人寄钱，自己才有可能出去。所以千万不要相信这些看似非常美好的事情，它其实就是设好的大陷阱，等着你跳进去。这些前车之鉴都为我们敲响了警钟：不起贪念，不会被贪。总之，千万不要相信有天上掉馅饼的好事情。只有勤于劳作、认真工作，才能创造生活所需要的物品，才能在机遇降临时及时地抓住机遇。要想获得家庭物资，就应该踏踏实实地劳作；要想金榜题名，就要勤学苦读。

（四）文人气节

俗话说："人为财死，鸟为食亡。"人可以为了财物而死，鸟可以为了食物而亡。传统儒家道德和儒家伦理则强调，人与动物是不同的，不同就在于人不仅有自己的感性欲望与追求，还有自己的理性生活、世界。在理性

93

世界中，人需要克制、忽略、减少感性欲望的纷扰，不仅希望自己好，还希望他人好，更希望大家都好。在这种状态下，自己就不是一个唯我独尊的个人，而是眼中充满了柔情、内心充满了正义，不会为了眼前的财物丢失自己气节、原则、人生目标，这就是文人气节。

气节，是一个人的志气、节操。为了这份做人的操守，不能泯灭自己的良心去谋划财富、增加收入。我国的文化历来就倡导文人秉持操守，耐得住寂寞、抵得住强权、经受得住考验、受得了贫穷，让后人看到一片丹心、一份热血。朱用纯在明亡家破之后安于做一个读书识字的教书匠，不为朝廷招安所动。无独有偶，陶渊明不为五斗米折腰，梅兰芳蓄须明志，这些人都能在财物面前坚守住自己的那份气节。

然而，随着经济的繁荣，金钱崇拜、享乐主义、消费至上等奢侈之风日益盛行，很多人在享乐中迷失自我，而找不到曾经的自己。狄更斯在其《远大前程》中塑造了一个曾无忧无虑、安于贫困的小男孩，因仰慕贵族女孩儿，进而厌恶自己的出生与教养，并在一位陌生人的帮助下成功地混迹于上流社会，最后，在一系列的打击下，他慢慢意识到自己的迷失与错误，及时地找回自己，向曾经被其抛弃的挚友打铁匠忏悔，找到一份平稳的工作踏踏实实地生活，最终收获了友情与爱情。

二、节流有度，适当消费

俗语有云："勤俭持家。"说的就是居家生活不仅需要勤劳创收，还应该节俭持家。节俭，就是要约束自己，不放纵自己，不要为了可有可无的事情浪费太多的时间、精力、金钱。很多家庭知道必须勤俭并行，因此非常节俭，对基本的生活开销都会严格计算、力行节约。这本身无可厚非，但有些家庭因过度节俭而使生活处于一个相当低水平，这就有些节约过度了。居家过日子是应该节约，但是该花的还是应该花，不要为节约而节约，否则"节俭"只会变成家庭的一个负担。

在市场经济中，供给与需求成为市场运行最基本的要求。没有需求，就不会产生供给，更不会产生交换与市场。我们需要与时俱进，适度节约，适度满足自己的生活需求，不要做生活的"苦行僧"。但是如果完全放开欲望，大肆消费、无底线消费，这就也显得有些过头了，这个时候也应该坚持适度原则，适当消费。毕竟，勤俭节约是中华民族的传统美德，我们也应该继续传承下去。

（一）节俭有度

节俭，即节约俭朴，是中华民族的传统美德。历代流传下来的家训作品虽有不同的文本内容，但大都不约而同地强调了节俭的居家美德。但是，节俭亦存在着尺度的问题，若节俭过度，既苛待自己又苛待他人，这便是刻薄；若不够节俭，则易导致过度消费乃至浪费。过与不及，皆不利于家庭的长治久安。这就需要儒家所提倡的"中庸"智慧，过与不及皆不行，只有适度才是可以的。故而，朱用纯《朱子家训》谈消费时，提及了"莫饮过量之酒"，他并不反对饮酒，只是劝诫不能过度、过量，否则既伤身又耗材。

在当代社会，很多老人仍非常节俭，而很多年轻人则丢弃节俭，陷入消费主义。一位老奶奶因老屋拆迁而获得一大笔补偿款，但她现在仍使用煤油灯，觉得用电灯浪费。她家里面还堆满了很多杂七杂八的东西，舍不得扔，衣服也都是破破旧旧的。儿女们都劝她适当改变一下观念，稍微地学会享受，可她不答应。熟悉这位老奶奶的人都说，她真的节俭过度了。与此相反，另外的一些人则一味地崇拜消费主义，没有节约俭朴的意识与观念，很多东西还是崭新的却只因不合心意就扔掉，非常浪费。显然，这两种极端都不可取，应该有度地节俭，一方面应传承节俭这种传统美德；另一方面进行适度的消费，享受一下生活。

（二）适当消费

在家庭生活中，应该适当消费，既不能不消费，也不能过度消费。一个家庭，需要节俭，也需要消费。一个国家，需要勤俭，也需要消费。节俭与消费应该相互匹配，维系好家庭的亲情，推动国家的进步。朱用纯《朱子家训》中的"宴客切勿流连""莫饮过量之酒"都强调了应适度消费。

"宴客切勿流连"，意思是说对宾客宴请之事不要流连忘返。中国历来都有一种"饭桌文化"，任何事情都可以在饭桌上提出并在饭桌上解决。洽谈生意，一定要吃吃饭、喝喝酒，才表示有诚意；朋友聚会，一定要在饭桌上唠唠嗑、吹吹牛，才显得有情义；升职加薪，那就更应该在饭桌上表示表示，才显得自己的开心。这种"饭桌文化"总是将很多简单的事情变得很复杂，不仅降低效率，还消耗彼此的时间、身体、精力。而且过度的"饭桌文化"常常容易滋生腐败、攀比、奢侈等不正之风。

"莫饮过量之酒"，即不要饮用过量的酒。中国自古就有浓厚的酒文化、酒习俗。此外，从医学养生角度来讲，适度地饮酒对于活络筋骨、促进新陈代谢有着很好的作用。对于中国人来说，饮酒已成为生活的一部分。开心的时候，饮酒以尽兴；悲伤的时候，饮酒以忘忧。小酌几杯，别有意味；但贪杯，则伤身误事。《诗经》中就有喝酒出洋相的记载，"宾既醉止，载号载呶。"意思是说，喝醉酒的人，就会大哭大叫、仪态失常，出一些莫名的洋相。但世人却常常不能聆听并牢记前人的肺腑之言。曾有一新闻，一个年轻小伙因与人拼酒而猛灌白酒，最后当场死亡。

三、婚聘嫁娶，以德为贵

婚姻，在古代亦作"昏姻"，于结婚前，男曰婚，女曰姻，意指男方于昏时前往女家迎亲，而女方则因此而来到男家；于结婚时，则女称婚，男称姻，意指昏时送女方去男家，因此男女结合。传统婚姻有一套完整的仪礼规范，俗称"三媒六聘"。"三媒"是指三个媒人，男方聘请的媒人、女方聘请的媒人以及给双方牵线搭桥的中间媒人。"六聘"则是古代结婚的六大程序，纳采、问名、纳吉、纳徵、请期、亲迎。传统婚俗一直延续到现在，现在男女谈婚论嫁仍要经过见面、提亲、相家、定亲、下彩礼、婚宴六大程序。朱用纯《朱子家训》提及"嫁女择佳婿，毋索重聘；娶媳求淑女，勿计厚奁"，嫁女或者取媳皆不能看重对方的财物，而应该看重人的品质与才能。

（一）以德为贵

《诗经》上说："窈窕淑女，君子好逑。"窈，深邃，指女子心灵美；窕，优美，指女子仪表美；淑女，指贤良美好的女子。男子朝思暮想的好配偶是有仪表美，还有心灵美，更是有贤良德行的女子。这些描写皆侧重女子的品性而没有金钱的影子，婚姻则是成全这份欣赏与爱慕而不是金钱交易。

朱用纯《朱子家训》告诫，"嫁女择佳婿，毋索重聘；娶媳求淑女，勿计厚奁"。出嫁女儿应该选择一个品行俱佳的好女婿，不要看重并索取厚重的彩礼；娶儿媳应该选择一个秀外慧中的女子，不要计较嫁妆。简单地说，男女婚姻应该以各自品德为重、为先，而不能一味地看重或索取厚重的彩礼或嫁妆。这种思想是当下诸多青年的心声，却早在三百多年前被朱用纯《朱子家训》所提出，可见其真知灼见。

如果说婚礼是传统的东西，那么注重品性更是传统的

99

东西。一段婚姻，不是一个金钱交易，而是一个相守一生的约定。通过这个约定，男女双方是要相互包容、相互理解、相互扶持，共度一生，而不是以能否出得起彩礼钱作为衡量标准将两人"配对"在一起，忽略各自的品性、喜好，最后误人误己。

（二）喜忧参半

婚姻自古就是大喜事。"红白喜事"说的就是男女结婚之事和高寿老者病逝这两大喜事。"人生四大喜"说的是，久旱逢甘露、它乡遇故知、洞房花烛夜、金榜题名时。这两种说法中都有婚嫁之事。但是这样可喜、可贺、可乐的事情也有令人说不出的苦恼。

近几年，很多地区的彩礼金额节节攀升，远远超出很多家庭的收入状况。高额彩礼成为打着传统旗号的不良习俗。不管家境有钱还是没钱，彩礼都是应该的、必不可少的，而金额更是动辄十几万，很多家庭因婚返贫、苦不堪言。在一则"天价彩礼"新闻中，有一位女孩与其未婚夫是通过自由恋爱走在一起的，但她强调自己仍会要彩礼，不然其他人都会笑她是赔钱货。近几年婚礼更是大肆讲排场、比阔气，这股攀比风让年轻新人的婚礼不是爱情、婚姻的殿堂，而是金钱、名利的集中营。

人们常说，"婚姻是爱情的坟墓。"这句话现在是不是要变成"金钱是婚姻的坟墓"呢？这当然不是我们所乐见的。经营家庭生活需要有一定家庭物资，但更重要的是感情。在充满机遇的当今社会，只要勤于工作和学习，就可以组建一个充满希望和幸福的家庭。

四、不以物喜，不以己悲

财富乃身外之物，生不带来、死不带走。对于人生幸福来讲，财富只是其中一个因素，而绝不是唯一的、最重要的因素。范仲淹在《岳阳楼记》中提出"不以物喜，不以己悲"，认为不应因为外物（好坏、有无）和自己（得失、富贫）而或喜或悲。不要为了财富、名利等身外之物而欣喜异常；也不要因为自身暂时状态低迷而自卑、难过。一切都是暂时的，生命相对于人类历史而言是暂时的；财富名利相对于人生幸福而言只是暂时的；困难、坎坷、逆境也都是暂时的。无论好的、欣喜的，还是坏的、难过的，一切都是会过去的。

朱用纯《朱子家训》中说："器具质而洁，瓦缶胜金玉；饮食约而精，园蔬愈珍馐。"餐具虽是泥土制成的，却非常质朴、干净，也比金玉餐具好；食品虽然只是田园蔬菜，但新鲜而简单，也胜过山珍海味。家庭生活可以不需要金碧辉煌、山珍海味，但绝对不能缺少温馨、舒适、精美、节约。家境富足的家庭，虽有金玉、山珍海味，但并不能一定代表家庭幸福，如果适当回归到简单生活当中，感受一下远离铜臭味的真实生活，或许会别有洞天。家境贫寒的家庭，虽只有陶具、蔬菜，但学着将这本已困窘、简单的生活变得干净、舒适、精致，提高生活的品质，也自有一番情趣在其中。

朱用纯《朱子家训》还告诫，"见富贵而生谄容者，最可耻；遇贫穷而作骄态者，贱莫甚。"最可耻的是那些看到富贵的人便作出巴结讨好的样子的人；最鄙贱的就是那些遇着贫穷的人便作出骄傲姿态的人。这些人"以物喜""以己悲"，在财富面前迷失了自己，降低了自己的人格，也成为被道德谴责的人。

（一）不以物喜

不以物喜，不会因为外物的好坏、有无而开心或难过。物，总是身外之物，要看得开、要放得下。很多人看不开，一辈子苦苦追求、精心算计、步步经营，为的就是不断地增加自己的财富、收入。然而，也许突然一个灾难降临，这一切都会落空。1997年至1998年亚洲金融危机，随着股市的一路下滑，很多股民将手中股票大肆抛空都不能挽救自己的损失，一夜之间由百万富翁变成资产负债，有的想不开而精神失常，还有的选择自杀，引起很大的社会动荡。这些悲剧都告诉我们，对钱要看得开，千万不能轻易地拿生命开玩笑。

物，只是让我们生活得更好的工具。生活绝不能被工具束缚、绑架。被工具绑架的生活，沉迷于工具的占有与升级，以为自己占有了工具，其实是工具已经完全控制、占有了我们。随着智能手机的不断普及，手机所承载的功能越来越多，每一种功能的设计初衷就是让我们的生活变得更加美好。有了手机，我们不再仅仅打打电话、发发短信、聊聊QQ，我们可以打游戏、视频聊天、微信语音、微博互动。这些功能让我们享受着看似快捷、方便、有效、大知识量的生活，可是，与此同时我们发现自己看书只能看半个小时，因为要留意一下有没有人在联系自己、自己的朋友圈有没有更新、国内外又发生了什么大事件……一个功能接一个功能查看、使用，等我们反应过来的时候，一个小时已经过去了。

（二）不以己悲

《孟子》中有"富贵不能淫，贫贱不能移，威武不能屈，此之谓大丈夫"的名句。真正的大丈夫，虽富贵却不会淫乱，虽贫穷不会改变内心，虽暴力威胁不能使之屈服。大丈夫，不会因为自身状态的有无就任意地提高或贬低自己，需要做好自己，不能做的事情就不做，而且不能因为自己没有做到就放弃生活的原则与希望。

在当下这个高效社会，每个人对他人的评价总带有急功近利的倾向，学生能够考高分、工作能够拿高薪、活动能够特积极……单向度的评价环境让每个人做事情时总是要求自己只能成功、不能失败。古人那里可不是这样，古人常说，失败是成功之母。学会失败，也就是在不断地走向成功。一次失败并不可怕，还可以再试。就拿古人考状元，很多人都是一试再试，一考再考，直至年老去世。历代最年老的状元是一直考到71岁的唐代尹枢；清代嘉庆年间，杭州人王严以80高龄中试，但未及殿试就去世了，不然他或许可以打破尹枢的最高龄状元的纪录。无论是自己还是周围的人，都应该学会包容、理解，正确看待一时的失意、不成功。

我们不仅需要正确地对待自己一时的不如意，还要在看待他人成功、得意时摆正自己的心态。他人取得了成功，作为朋友应该为他感到高兴，不能生发嫉妒心，更不能产生自卑心理，也不能谄媚巴结。任何时候都要相信自己，摆正并坚定自己的立场和原则，万不可为了一时的、眼前的利益而放弃自己的尊严与人格。就如文人气节那样，无论何时，都做精神上铁铮铮的硬汉子。

小专题 5

李世民《帝范》

《帝范》，作者是开创了著名的贞观之治的唐太宗李世民。李世民借助《帝范》与自己的子孙后代分享了自己的为政理念和人君之道，并在赐予子女时再三叮嘱，"饬躬阐政之道，皆在其中，朕一旦不讳，更无所言。"全书共十二篇：君体、建亲、求贤、审官、纳谏、去谗、诫盈、崇俭、赏罚、务农、阅武、崇文。现将其中的"务农篇"摘录于下：

夫食为人天，农为政本。仓廪实则知礼节，衣食足则志廉耻。故躬耕东郊，敬授人时。国无九岁之储，不足备水旱；家无一年之服，不足御寒暑。然而莫不带犊佩牛，弃坚就伪，求什一之利，废农桑之基。以一人耕而百人食，其为害也，甚于秋螟。莫若禁绝浮华，劝课耕织，使人还其本，俗反其真，则竞怀仁义之心，永绝贪残之路，此务农之本也。斯二者，制俗之机。子育黎黔，惟资威惠。惠而怀也，则殊俗归风，若披霜而照春日；威可惧

105

也，则中华慑轨，如履刃而戴雷霆。必须威惠并驰，刚柔两用，画刑不犯，移木无欺。赏罚既明，则善恶斯别；仁信普著，则遐迩宅心。劝穑务农，则饥寒之患塞；遏奢禁丽，则丰厚之利兴。且君之化下，如风偃草。上不节心，则下多逸志；君不约己，而禁人为非，是犹恶火之燃，添薪望其止焰；忿池之浊，挠浪欲止其流，不可得也。莫若先正其身，则人不言而化矣。

第六章

家国篇

马克思曾说："人是社会性的动物。"社会性，成为人与其他动物相区分的典型特征。古人有两大社交场所：一是家庭，二是国家。二者常简称为小家大国。由于地理环境、社会经济等一系列原因，中国古代社会逐渐形成了家国同构的社会组织结构。家国同构，即是家与国有着相通、相似的权力结构与伦理规范。在权力结构上，家中有父子，国中有君臣，父对子的权威就如同君对臣的权威。在伦理规范上，家重孝，国重忠，忠孝都强调服从、忠贞，更有"自古忠臣必出于孝子之门"的说法，求忠臣就要到孝子中寻找，忠孝某种程度上就是一体的。在这种家国同构、忠孝一体的社会背景下，人生梦想总是和家、国相关的，个人修养、家门和顺、因缘果报、世事命运似乎都可以寻觅到皇权的影子。古人的伟大就在于每个人既会"扫屋"，又会"扫天下"，谁要做不到，他人就会嘲笑道，"一屋不扫何以扫天下。"

一、修身之要

《大学》八条目：格物、致知、正心、诚意、修身、齐家、治国、平天下。这八条目讲述的是求学问的必经之路。个人的修身是成为八条目中最重要的基石。前四个条目讲格物、致知、正心、诚意，都在谈个人修身，而后三个条目则必须立足于修身。朱用纯的临终遗言是，"学问在性命，事业在忠孝。"一个人所求学问重在修身，所谋事业重在忠孝。我们常说，活到老，学到老。所学习的就应该是修身，参悟性命，感知人生。结合朱用纯《朱子家训及其》临终遗言，个人修身重在两件事情上：安心读书，诚心做官。

（一）读书之志

读书的梦想是什么？这是一个从小被他人问、长大被自己问的问题。小时候，什么都还不懂，家长与老师就会在耳边殷切劝说道："科学家""公务员""企业家""文学家""医生""老师"……读书梦想似乎就应该和光鲜体面的职业联系在一起。长大之后的我们，在毕业即失业的时候开始反思，职业是读书本来应有、必然之意吗？

中国人非常爱读书、重视读书。关于读书的成语不胜枚举：博览群书、学富五车、博闻强识、博学多才、满腹经纶、博古通今、汗牛充栋、才高八斗、读书破万卷……古人读书读的是"四书五经"，悟的道理是"内圣外王"。"内圣"是指通过学习不断地提升道德修养，向圣人看齐；"外王"则要在外辅佐君王，匡扶天下。"内圣外王"，个人提升了修养，锻炼了能力，就可以在天下施展自己的宏远抱负。

《论语》中子夏曾提出"仕而优则学，学而优则仕"。其中的"优"有两解，一解为有余力、有闲暇，这句话就是说官员有余力就要不断地学习，学者有余力就可以出来做官；二解为优秀，该句话就可理解为，官员很出色就可以做学者，学者很出色也可以做官。《千字文》有一句更直白地将读书与做官联系在一起的格言，"学优登仕，摄职从政"，即使说书读好了就可以做官，可以参与国政。在种种圣贤思想的引导下，古代读书人常常希冀考取功名，实现人生际遇的大逆转。"万般皆下品，惟有读书高""十年寒窗无人问，一朝成名天下知"，逐渐孕育了官本位思想。

朱用纯《朱子家训》言道："读书志在圣贤，非徒科第；为官心存君国，岂计身家。"读书的目的就是学习圣贤的行为，成为贤者；为官就要忠君爱国、心怀天下，怎么可以计较、谋划个人的利益呢？联系起来就是，读书不只为了做官，做官也不是为了个人享受，读书、做官、享受三者之间是没有必然联系的。读书，若不能心无旁骛地学习圣贤、感悟性命，这样对于人自身还有多大的意义呢？因此，中国历史上有一大批文人墨客远离朝野，寄情山水，参悟人生，留给后世丰富的文学作品。像逍遥自在的庄子、结庐在人境的陶渊明、一代诗仙李白……总之，读书与做官并不是必然关系，我们后世之人更不能只为了当官而读书，应该享受读书的乐趣、感受先贤的崇高人生境界、体悟不一样的人生。

（二）为官之心

为官，就是入仕做官，就是做人父母官。要像父母疼爱子女那般为万民请愿、做事，心为万民想，利为万民谋。朱用纯《朱子家训》告诫，"为官心存君国，岂计身家。"做官就应该满心想的都是君主、国家、万民，而不能计较个人的得失与享受。无论古代还是现代，做官都是这样的要求，做好这个职位应该做好的事情，不辜负国家所给予的期望。

历史有很多为官的道德楷模，他们虽身居要职，但抵制金钱诱惑、拒绝安逸享受，心安社稷、忠贞守节、勤勤恳恳，没有丢掉"为官之心"。春秋时鲁国上卿大夫季文子掌握国政和统兵之权，家人没有穿绸缎衣裳，马匹没有喂吃粮食，府中也没有多余的金玉，生活克勤克俭。他认为，只有高尚的品德才可以成为国家的最大荣誉，而炫耀美妾良马不会给国家争光。此外，南朝徐勉，历任侍中、尚书仆射，身居要职，却为官清廉，不置家产不购土地，清白传家。他认为，别人给子孙遗留财产，而自己遗留的是清白。子孙如果有才能，将来亦可飞黄腾达。如果不才，就是万贯家产，也会被挥霍一空，终归他人所有。

但是，无论历史还是现在，确有一些官员违背了岗位要求和国家法纪，忘记了为人民服务的工作使命，以公谋私、徇私舞弊、滥用职权，擅自从国家财产、公共利益中谋取个人利益。天网恢恢、疏而不漏，他们最终必将接受法律的制裁。自十八大以来，国家加大了反腐力度，让党政机关和事业单位在职人员都深刻反省了为官的使命，落实、贯彻"权为民所用、情为民所系、利为民所谋"，端正为官之心，做一位负责任的好官员。

二、家门和顺

朱用纯《朱子家训》还说道："家门和顺，虽饔飧不　　113

济，亦有余欢；国课早完，即囊橐无余，自得至乐。"对于一个家庭来讲，和乐并不因穷困而减少半分；对于一个人来讲，快乐并不会因积极纳税后所剩无几而减少半分。个人会因积极纳税而获得快乐，家庭会因和气平安而幸福。个人、家庭、国家，并不是完全割裂的。个人应在家庭中收获成长、获取知识、提升自我，在社会中求职就业，积极纳税，为国家效力。

（一）家门和顺之欢

家门和顺，家内气氛融洽、和乐融融，没有大灾大难、大病大痛。居家过日子图的也就是家门和顺，即使家徒四壁、贫无立锥，仍能感到内心的满足与安慰。很多人通过自己的辛勤劳动而只能勉强地养家糊口，但全家人其乐融融地围坐在一起共进晚餐，时有欢声笑语。这样的生活在他们心中也是非常充实、有意义的。由周星驰执导并主演的《长江七号》电影中，父亲和儿子虽然非常穷困，居住的是马路边的一栋破旧小屋，吃的是他人扔的坏水果，穿的是他人的旧衣服，没有钱买玩具，但是父子俩晚饭后合力打蟑螂的那份默契、情趣，父子之情的内敛、深沉，家庭生活的简单、乐趣自然而然地呈现给观众，令人感动。

中国人常说，"家和万事兴。"只要家门和顺，其他所有的事情都可以不断地兴盛起来。家门和顺了，父母可亲了，小孩儿听话了，这样的家庭就会其乐融融。父母还可以全身心地投入到工作中，而不是被家庭争吵忙得焦头烂额，只有这样才能把自己的工作做好，创造出他人肯定的社会价值。家门不和顺，夫妻双方只顾着吵架，就会疏于对小孩的管教，更不能认真工作，最后只能是情场、官场双失意！如果家内争吵不断，再遇上天灾人祸，这样的生活还怎样继续下去？很多家庭最后选择离婚，大都是这些原因。

"家门和顺，虽饔飧不济，亦有余欢。"家里和气平安，就算缺衣少食，口袋里没剩下多少钱或者银行卡没有钱，仍可以让人感觉到快乐。因为让一个家庭幸福不就是家人平平安安、和和乐乐地在一起吗？家庭幸福是不能与财富划等号的。金钱虽然可以解决很多现实问题，但其绝对不可能买到生活的全部，买不来阖家欢乐、买不来亲情、买不来智慧、买不来幸福……

（二）国课早完之乐

"国课早完，即囊橐无余，自得至乐。"国课，是指国家赋税。早早地缴完国家赋税，虽然口袋所剩无几，自己也仍会觉得快乐。用今天的话来讲，即"我纳税，我快乐"。朱用纯，只是一介布衣，并不是体制内的政府人员，他将自己至乐和积极纳税联系在一起，足以说明其纳税意识、爱国意识都是非常强烈的。作为明朝遗民，朱用纯拒绝了清廷的招安，从骨子里拒斥着清政府。即使如此，他仍能深明大义，积极承担清朝子民应尽的社会责任与义务。

今天，无论自然人还是法人，都应该依法缴纳税收，肩负起相应的社会责任与义务。很多企业家积极地依法缴纳税收，希望实现由"经济公民"向"社会公民"的转变，不再以经济利润最大化为企业唯一目标，而是要承担一定的社会责任，回馈社会。但也有很多企业和个人通过各种手段来偷税漏税，将个人的快乐建立在偷税漏税中取得的利益上，没有肩负起应有的社会责任。这就需要自我检讨，不能只为了眼前的蝇头小利而做出埋没良心、违法犯法的事情。

三、因缘果报

因缘果报，是佛学术语。因，是事物生起的主要条件；缘，是事物生起的次要条件。有因有缘，必然成果，简称"因果"。佛家常说，"万法皆因缘"，宇宙间万事万物都遵守因果法则的支配，善因必有善果，恶因必有恶果，善果也必然存在善因，恶果也必存在恶因，世人称为"因果报应"。个人受灾蒙难是因为他先前做错事情，这个先前既可以是昨天，也可以是上辈子；一个人享福也不是无缘无故的，是由于他本人或是他家人此生、前世积累下了福报。

"因果报应"思想曾渗透于人们的日常生活中。有人会在谈情说爱时提到前世，认为前世五百次的回眸才换得今世的擦肩而过，以此解释爱情的缘分与神秘；还有人在谈论做人时提到后世、下一辈子，受了他人的恩惠，会经常感谢他人并说下辈子做牛做马也愿意；如果一个人目无王法、为非作歹，会被他人诅咒，死后下十八层地狱。在今天看来，"因果报应"无疑是一种迷信思想，但它在历史上也曾有导人向善弃恶的积极作用。朱用纯《朱子家训》中暗含的因缘果报思想也非宣扬封建迷信，而是告诫世人应戒色、戒怨。

（一）戒色

朱用纯《朱子家训》言："见色而起淫心，报在妻女。"即是说看到美貌的女子而生起坏心的，将来会在自己的妻子、女儿身上产生报应。试想一下，一个人因好色做坏事，知道的人肯定会鄙视、远离他。如果受害者家庭成员一时想不开，就可能会要报复这个人的妻女，不就应了《家训》中的这句话吗？其实，这不是假想，现实生活中时有这样的悲剧发生，留给后人的教训就是：戒色。佛家有五条戒律：不杀生、不偷盗、不奸淫、不妄语、不饮酒。其中，不奸淫就是戒色，要求远离女色。对于遁入空门的佛门弟子，应该摒弃尘世欲望，做到心如止水，参悟佛法的博大精深；对于尘世生活的人来讲，戒色，重在不贪色。

现在，很多成功人士在功成名就之后抛弃糟糠之妻，选择一位貌美如花的所谓真爱，其实质可能只是贪色。在古代，会有礼制规范这种贪色行为，《孔子家语》中说，"先贫贱后富贵"，妻不能休弃。朱用纯采用的是佛家的报应说来规劝这种行为。美色并无确定的标准。唐朝以肥为美，宋朝以瘦为美，不同时代对胖、瘦所具有的美感也不一样，美色及其标准都是变动的。相反，人内在的心灵美并不会因时间的流逝而褪色。当两个人通过婚约结合在一起的时候，就应该看重彼此，尤其是看重内在的心灵美，只有这样，才能维持婚姻的稳定家庭生活的安稳。

（二）戒怨

朱用纯《朱子家训》还指出："匿怨而用暗箭，祸延子孙。"即是说，平时对他人藏有怨恨并暗中伤害他人的，将会为自己的子孙留下祸根。此格言亦暗含因果报应的思想。在现实生活中，一个藏暗箭伤害他人的人，在他人眼中自然是小人。受害者可能会抱复这个人或者其子孙；其他人也会远离这家人，以致其人脉零落。无论怎样，这对一个家庭来说都不是好事情。

怨，有"心"字做底，是指一个人在内心对他人不满。心中有怨气，可能双方都认为自己没有错，只是由于什么事情没有说清楚而导致误解。这个时候如果有一个公正的中间人进行调节，让双方把自己不服、不满的地方都讲出来，并晓之以理、动之以情让双方放下彼此的成见，便是非常理想的结果。如果没有中间人，当事人就需要做一次思想斗争，尝试站在对方角度上进行换位思考，从而消除自己的不服、不满。这些怨气，就如水管中的堵塞物，若不拿掉迟早会挤爆水管。解铃还须系铃人，为了不因生气伤身，我们应拿掉堵塞物，去掉心里的疙瘩，如此，事情也就容易理顺，心情自然也会顺畅。南非总统曼德拉曾被关押二十七年，受尽虐待。但他在就任总统时，邀请了三名曾虐待过他的看守到场。在会场上，曼德拉拥抱这三位看守，并当场感谢他们让自己学会控制情绪……曼德拉用自己博大胸襟和宽容精神让世界见识到了这位黑人总统的魅力、魄力。中国人常讲"一笑泯恩仇"。我们应放开心胸，豁达一些，学会调试好自己心态。如果做到这一点，便会发现很多令人纠结的事情其实都不是什么了不起的事，自己也能更好地适应这个社会、这个时代。

四、顺时安命

朱用纯《朱子家训》最后写下的是"守分安命，顺时听天。为人若此，庶乎近焉"四句。意思是说，一个人能够守住本分，坦然面对人生际遇与生活，坚信自有天意安排，值此，这个人就离圣人不远了。古人相信"谋事在人，成事在天"。世间万事万物存在太多的未知与变化，人所能做的、所能谋划的就只能是自己力所能及的事情，至于事情成不成功则需要看天意、机遇等很多神秘的力量。既然如此，自然也就应该尽人事，然后顺时安命，自有很好的福报。

（一）守分

守分，守住本分。本分，就是自己分内之事。每个人都应该将自己的分内之事做好。作为学生的分内之事就是要认真读书、好好学习，感悟人类历史的源远流长和文化的博大精深。作为子女，就应该抽点时间给父母打个电话，让父母不要挂心和操心。本分做到了，自己舒坦了，旁人也舒心了。

古代社会首要的本分就是三纲五常，以君为臣纲，父为子纲、夫为妻纲为三纲，仁、义、礼、智、信为五常。三纲五常规范的社会是一个等级分明的社会，上级对下级的绝对掌控、下级对上级的绝对服从，成为封建统治者御民、牧民的政治工具，维护了封建君主专政的政治体制。古代社会强调名实统一，身居其位，就应该做好这个职位的事情。因此也就产生了"不在其位，不谋其政"的说法，不在某个职位上，就不参与那个事情。《韩非子》中记载了战国时期韩昭侯的事情，话说有一次韩昭侯喝醉酒直接躺下睡着了，帽官看到后，怕他着凉给盖了一件衣服。第二天韩昭侯醒来就问："谁帮我加的衣服？"左右人员就回答说："帽官。"之后，韩昭侯分别治罪帽官、衣官。原因在于，衣官因失职而有罪，帽官因越职而有罪，两人都没有做好自己的分内之事。

但随着新时代的变化、新思想的启蒙，现代人从小接受的是人人平等的教育，每个人的本分不是存在于对另一方的绝对服从上，而是存在于自己的生存与发展之中。现在，每个人都有一份工作、一个家庭、一些爱好。我们的本分就是要锻炼好身体，实现全面发展，好好地经营家庭、从事工作，实现爱情、事业的双丰收。

（二）安命

安命，安于命运与际遇。何谓命？依《中庸》来讲，指来自天的意志与想法，并被赋予每一个人。现在常指生命或生活中不可知、不可测、待定的际遇与境况。如何安？那就是应调整心态，坦然地面对人力不可预知和改变的客观境况。故而，朱用纯《朱子家训》主张"守分安命，顺时听天。为人如此，庶乎近焉"。即是说在做好本分的基础上，坦然面对命运所给予的安排，这样也就问心无愧了。显然，做好本分应为安于命运的基础。

安命，是一种生存方式。人生中有很多时候是不如意的，时悲时喜，时成功时挫败，这都是生活本来就会有的状态。苏轼的"人有悲欢离合，月有阴晴圆缺"的千古名句更是将这样的充满困窘、失意的人生描述得淋漓尽致。身处这样的命运安排，每个人都应坦然。安命，是一种生活态度。安命不是不作为，而是梳理自身并思考自己想要做什么、自己可以做什么、自己必须做什么。在这个过程中，每个人都会对自己有一个更清晰的认识，对未来也会有一个明确的方向。安命，更是一种人生境界，是洞察万事万物之后的坦然与豁达，唯有安命，才能体会"落红不是无情物，化作春泥更护花"的崇高与大义。

司马光《训俭示康》

司马光，字君实，北宋史学家、文学家，历时十九年主编《资治通鉴》。所作《训俭示康》，共一千余字，全文紧紧围绕节俭美德，旨在劝诫子孙后代发扬节俭这一传统和门风。司马光首先以自己现身说法，"吾本寒家，世以清白相承。"司马光自己出身寒门，一直践行与坚持着节俭的门风，他用今古对比的视角告诉子孙后代，节俭是一传统美德，"古人以俭为美德，今人乃以俭相诟病。"古代圣贤之人皆践行节俭，但是今日之人则嘲笑节俭、简陋之人，奢靡之风大行其道，古之道德训条早已荡然无存。之后，司马光对俭、奢进行了有理有据的哲理分析。从人的本性来看，"顾人之常情，由俭入奢易，由奢入俭难。"人能够很容易从节俭变得奢侈，但很难从奢侈变得节俭。因此，很多达官贵人都不能够自我约束并践行俭德。从俭、奢本性来看，"俭，德之共也；侈，恶之大也。"道德之人都特别注重践行俭德；而很多邪恶则来自于放纵欲望、放任奢侈。在家训的最后，司马光再次强调"成由俭，败由奢"的古训，劝诫子孙后代一定要践行节俭美德。司马光大力提倡俭朴，反对奢侈腐化，无疑有着巨大的时代进步。即使在今天，这些见解和主张仍有很强的现实意义。

袁了凡《了凡四训》

　　袁了凡，初名表，后改为黄，字庆远、坤仪、仪甫，号学海，后改了凡。在《了凡四训》中，作者回顾了自己的人生经历和心路历程，并对子女提出了四个方面的家庭劝诫，望其可以吸取经验，感悟生命，把握自己的命运。全文共有四篇，简称四训，包括立命之学、改过之法、积善之方、谦德之效。所谓"立命之学"，是袁了凡在孔先生、云谷禅师两位高人的指引下逐渐产生的对于命运的清晰认识。孔先生精通算命之术，在袁了凡年轻时既已算定其官场命运、死亡时间、命中无子。了凡进入官场后的命运基本一一印证了这些命定之言。自此，了凡相信了宿命论，并认为自己这辈子根本不用做任何事情或者根本也做不了任何事情。直到遇到云谷禅师这位得道高僧，用佛教的善恶报应思想、儒家的修善立命观念开导他掌握自身的命运，放弃传统的宿命观。从此之后，袁了凡改过自新、积善行德、谦逊待人，并一一破解了宿命论中的预言，不仅有了儿子，还很高寿。

后记

笔者在就读博士研究生初期，就对儒家思想在家庭、社会生活等方面的实际影响产生了浓厚的兴趣。因此非常重视历代家训作品的学习和研究，并且在导师向世陵先生的指导下，选定了流传极广、社会影响极大的朱用纯《朱子家训》为研究和写作对象。

在本书中，首先对现世流传的两部以"朱子家训"四字题名的家训作品的名称及演变（一为南宋大儒朱熹所作；一为明末清初儒者朱用纯所作）作了考证和辨析。而本书的重点则在于以明末清初大儒朱用纯的《朱子家训》为文本，通过人伦、品质、言行、财务、家国五大等家庭生活主题，对该部家训作品进行了文本分析以及适当的现代解读，以契合当下的人伦日用和道德焦点，希望可以指导并反思当下的家庭生活以及治家策略。这是本书的初衷与立意。当然，囿于学术能力与生活视野的局限，这些分析和解读也有不足之处，恳请各位专家、学者不吝赐教！

夏　芬

2018年4月10日